二战德国末日战机丛书

翻天猛禽

Do 335

重型战斗机全史

杨剑超　著

WUHAN UNIVERSITY PRESS
武汉大学出版社

图书在版编目（CIP）数据

翻天猛禽:Do 335 重型战斗机全史/杨剑超著 . —武汉：武汉大学出版社,2024.6

二战德国末日战机丛书

ISBN 978-7-307-23997-5

Ⅰ.翻… Ⅱ.杨… Ⅲ.第二次世界大战—歼击机—历史—德国 Ⅳ.E926.31-095.16

中国国家版本馆 CIP 数据核字（2023）第 176885 号

责任编辑:蒋培卓   责任校对:汪欣怡   版式设计:马　佳

出版发行:**武汉大学出版社**　（430072　武昌　珞珈山）

（电子邮箱: cbs22@ whu.edu.cn　网址: www.wdp.com.cn）

印刷:武汉中科兴业印务有限公司

开本:787×1092　1/16　印张:13.25　字数:325 千字　插页:2

版次:2024 年 6 月第 1 版　　2024 年 6 月第 1 次印刷

ISBN 978-7-307-23997-5　　定价:66.00 元

目　　录

第一章　道尼尔和 Do 335 的历程

Do 335 是一种独特的飞机，从设计概念到飞机布局都与众不同。诚然，奇奇怪怪的设计方案在航空史上层出不穷，但造出原型机的不多，真正向大规模生产方向发展的极少，而 Do 335 就是少数派之一。

这种飞机是道尼尔飞机公司（Dornier Flugzeugwerke）的杰作，它的形态展现着道尼尔的信条。Do 335 采用了推拉布局，这个布局使得它能实现出色的性能：在使用相同功率发动机的情况下，Do 335 的飞行速度明显高于 Ta 152。德国的双发飞机从未达到过如此高的性能，当然，Do 335 的核心问题也是缘于它的特殊布局，这些问题大幅度拖慢了开发进程。

在德国活塞发动机发展缓慢的时期，Do 335 承诺的性能可以满足德国空军对高速轰炸机的多年期盼——他们一直羡慕英国人的蚊式（Mosquito）。类似于蚊式的高速轰炸机可以依赖速度优势，比较自由地穿透防区并向目标投弹，抑或执行侦察任务，而敌军战斗机难以拦截。此前德国人设计了多种"高速"轰炸机，但其中没有哪种的速度真正高到能甩脱战斗机追击。

有推拉布局这个基础支撑，Do 335 在接下来的发展过程中被赋予越来越多的功能，它将成为德国空军双发多用途飞机的主力，担负昼间/夜间截击、高速轰炸、侦察等多种任务。德国空军对 Do 335 抱有相当大的期望，在全面更换喷气飞机之前，这将是最后一种多功能活塞飞机。所以，尽管这种 Do 335 历经多次波折，而且作为一种全新型号，在技术问题难以解决、战争最后阶段资源匮乏的情况下，它仍是德国空军寄予厚望的"末日战机"。

第一节　道尼尔飞机

说起 Do 335 的设计哲学，必须先从克劳德·道尼尔（Claude Dornier）的生涯开始说起。道尼尔的一生历经了重重困难，也取得了巨大成就，他与胡戈·容克斯（Hugo Junkers）、威利·梅塞施密特（Willy Messerschmitt）、恩斯特·亨克尔（Ernst Heinkel）等人并驾齐驱，在德国航空历史上留下了浓墨重彩的一笔。

道尼尔出生于 1884 年 5 月 14 日，德国的肯普滕（Kempten）。青年时期的他在慕尼黑技术学院接受教育，1907 年作为桥梁建设工程师毕业。1910 年，道尼尔跳槽到了航空业，进入大名鼎鼎的齐柏林工厂。他在这里的工作有很多，包括给一种全金属飞艇进行数据计算，这些业务培养起了他的能力。接着道尼尔获得了第一批专利，其中包括旋转的飞艇库房。1913 年，他开始计算一种可以横跨大西洋的钢结构飞艇。

由于道尼尔在解决技术问题上很有天赋，齐柏林伯爵让他负责一个研发部门。这个小部门一开始只有两个办公室，再加上不太大的工坊和用于实验、制造原型机的区域。这给了道尼尔进行开创性研发的基础。与此同时，他取得了德国国籍。眼下，德国与他父亲的祖国——法国的战争越来越近。如果道尼尔没有选择这条道路，他的人生很可能截然不同。

作为一名设计师，道尼尔已经名声在外。齐柏林交给他设计全金属飞机的任务，而此时木制飞机加上织物蒙皮仍是常规设计。1914 年秋天，道尼尔搬到康斯坦茨湖（Constance，又称博登湖，Bodensee）畔林道（Lindau）附近的一处设施。这里位于腓特烈港（Friedrichshafen）东南方十余公里处，也被称为齐柏林工厂-林道有限公司。从这个小镇开始，道尼尔飞机的时代拉开了序幕。

1915 年 1 月，道尼尔开始设计第一种水上飞机：Rs. I 型。这个设计方案搭配 3 台迈巴赫公司的（Maybach-Motorenbau GmbH）Mb IV 发动机，每台发动机输出 240 马力，发动机本身安装在机身内，通过传动轴驱动机背上方的 3 副推进式螺旋桨。飞机结构的相当一部分使用钢材，机身下部覆盖着杜拉铝蒙皮，机翼和尾翼则是织物蒙皮。机翼间支柱的连接在下机翼的中央翼梁上，连接点可以调节，以此改变整个上机翼的安装角。

原型机在 9 月完工，只进行了一些滑行测试，而后就在一场风暴中损坏。虽然测试很有限，但也鼓舞了道尼尔，让他开始下一个设计。

新设计是 Rs. II 型，原型机很快完成并于 1916 年 6 月 30 日首飞。新飞机的下机翼缩短了很多。此前 Rs. I 在滑行测试时出现了问题，如果遇到涌浪的话，下机翼有掉进水里的倾向，机翼缩短就是为了解决这个问题。飞机机身经过加宽，以提供充足侧向浮力。此外机身长度也有缩短，除了小部分位置以外，其他都是金属蒙皮。尾翼通过金属管支架直接支撑在机身后方，尾翼本身最初是双翼，后来改为单翼，带 2 个垂尾。

原方案在机身中安装 3 台发动机，遇到了很多麻烦，道尼尔很快将发动机改到机背上的 2 个短舱里。每个短舱安装 2 台发动机，1 台推进、1 台拉进。这是第一种串列发动机的道尼尔

Rs. I 水上飞机，道尼尔设计的第一个型号。

飞机，此后成了道尼尔设计的特色，沿用到各种飞机设计中。大幅度改进之后，新飞机改称为 Rs. Ⅱa 型。

1916 年，道尼尔第一次尝试设计战斗机，编号是齐柏林-林道 V-1。道尼尔立刻就用上了推进式布局，飞机的尾翼则和 Rs. Ⅱ 一样，用管子支撑在机身外。发动机是一台梅赛德斯（Mercedes-Benz，戴姆勒-奔驰的汽车子公司）D Ⅲ 发动机，功率 160 马力，驱动机身后方的推进螺旋桨。机身本身是个鸡蛋形状的短舱，由杜拉铝制成。机翼和尾翼仍然使用帆布蒙皮。

在滑跑测试中，公司首席试飞员布鲁诺·施罗特（Bruno Schroter）认为飞机重心有问题，过于靠后。他觉得这过于危险，拒绝驾驶该机进行首飞。最后一名空军飞行员，哈伦·冯·哈勒施泰因（Hallen von Hallerstein）负责该机的首飞任务。结果，在 1916 年 11 月 13 日，施罗特的担心成真，飞机起飞后在爬升过程中失速坠毁，哈勒施泰因当场身亡。

而后道尼尔转回头继续制作水上飞机，即 Rs. Ⅲ 型。这架飞机是一架单翼机，但设计得颇为奇特，它继承了 Rs. Ⅱ 的宽机身/浮筒设计，4 台迈巴赫发动机仍位于机身背部的短舱里。主翼和连接尾翼的部分在发动机短舱上方组成另一个机身。

飞行员和副驾驶坐在下方的机身里，油箱也在里面，剩下的空间可以再装 6 名机组。机身中间的座舱里有 2 个机枪射手位置，还有一个隔音舱室，让无线电操作

齐柏林-林道 V-1 原型机，它的机身和尾撑很有道尼尔特色。

Rs. Ⅲ 型水上飞机，奇特的布局让它看起来相当壮观。

员使用。1917 年 11 月 4 日起，原型机在康斯坦茨湖进行飞行测试。到了 1918 年 2 月 19 日，Rs. Ⅲ 被送到波罗的海岸边的北方水上飞机场站进行实用测试。测试完成后，这架飞机在 1918 年 6 月 13 日转交给帝国海军。该机存活了很久，战争结束之后一度用于扫雷飞行，直到 1921 年 7 月按照协约国军事管理委员会的指令拆毁。

齐柏林-林道 C. Ⅰ 型是道尼尔首次设计的对地攻击机，这种飞机安装一台梅赛德斯 D Ⅲ 发动机，主要构件是铝制，两名机组，双翼布局。它能在海平面达到 165 公里/小时。对道尼尔来说，这个型号也许可以称得上很不寻常——它是道尼尔第一种常规拉进式布局的飞机。原型机在 1917 年 3 月 3 日首飞，总共制造了 9 架。接下来的 C. Ⅱ 型和旧设计很类似，但散热器改成了汽车式的。新飞机在 1918 年 3 月 18 日的官方测试中没有达到性能指标，但它给接下来的 Rs. Ⅳ 飞机提供了数据，而且后来瑞士空军订购了 19 架这种飞机。

1918 年 1 月，帝国海军给道尼尔下了一个订单，要求制作新型水上飞机。道尼尔立刻开始设计制作对应的型号，即第一批的 2 架 Rs. Ⅳ 型。新飞机继承了 Rs. Ⅲ 的总体布局，但机身改得更窄，侧向浮力由机身两侧的凸出短翼提供，这个设计后来成了道尼尔水上飞机的特征，可能算是仅次于推拉布局发动机的特色。此外，原本的双翼尾翼改成了单翼。1918 年 10 月 12 日，Rs. Ⅳ 首飞。一个月之后，德国投降，不再有海军需要什么水上飞机了。于是道尼尔准备给它找一条出路，开始将其改装成客机，改装工程在 1919 年 6 月结束。但到了 1920 年，经过仔细结构检查之后，协约国军事管理委员会下令拆毁飞机。

接下来道尼尔设计了 CS. Ⅰ 水上飞机，目标是作为汉莎-勃兰登堡 W. 29 水上飞机的替代品。这种飞机也主要采用铝制组件，机翼和机尾使用织物蒙皮。飞机机身下有两个浮筒，十字形尾翼，安装 195 马力的奔驰 Bz Ⅲ 发动机，再加 2 挺前射机枪和 1 挺活动机枪。道尼尔测试了机头和侧面两种散热器布局，但这种飞机没有获得任何订单。

第一次世界大战时期，道尼尔设计的最先进的飞机是 D. Ⅰ 型双翼战斗机。该机为全金属，机身承力蒙

C. Ⅰ（上）和 C. Ⅱ（下）型，相比最初的几种水上飞机，它们显得很普通。

Rs. Ⅳ水上飞机，继承了上一个型号的整体布局，机身两侧短翼则是道尼尔设计的新特征。

皮，再加悬臂式机翼。上机翼由 4 根流线型支柱支撑在机身上方，两副机翼之间没有任何支柱和钢缆，前射武器为 2 挺机枪。此外道尼尔还给它设计了当时很先进的可抛弃式副油箱。

很快，飞行军团监察部在 1918 年 2 月 11 日前来检查了飞机的木制模型。这次检验给道尼尔带来了 6 架飞机的订单，其中 3 架安装梅赛德斯 D Ⅲ 发动机，另外 3 架安装 185 马力的宝马（Bayerische Motoren Werke，缩写 BMW，即宝马）Ⅲa 发动机。

1918 年 6 月 4 日，公司的试飞员海因茨·鲁珀特（Heinz Ruppert）驾驶 D. Ⅰ 首飞。从 5 月 27 日到 7 月中旬，德国统帅部进行了第二次战斗机评比，以评估最新的战斗机设计。道尼尔送过去的 D. Ⅰ 型由威廉·莱因哈德（Wilhelm Reinhard）驾驶，他也是此时第 1 战斗机联队的指挥官。在飞行测试中，飞机的上机翼撕裂，接着坠毁并导致莱因哈德身亡。

评比会上弄出这么大事故，道尼尔飞机自然得到了负面评价。测试报告还说飞机副翼杆力很重，高空爬升率很差。道尼尔没有气馁，接着制造了强化结构和使用宝马发动机的改进型号，参加 10 月 10 日至 11 月 2 日的第三次战斗机评比。这次道尼尔成功了，得到 50 架飞机订单。这也是道尼尔迄今为止获得的最大订单，当然很快德国投降，订单本身没有完成。此后有两架飞机卖给了美国人，分别交给美国陆航和海航测试。

战争结束时，道尼尔正在设计一种双发单翼水上侦察机，这次的编号是 GS. Ⅰ 型。飞机发动机舱和主翼连接在一起，由若干支柱支撑在机身上方。两台迈巴赫发动机仍然相对安装，一台拉进、一台推进，总共提供 540 马力功率。机身两侧有道尼尔经典的凸出短翼，平尾是单翼，垂尾和方向舵有两副。

战争结束后，公司决定将 GS. Ⅰ 改装成可以运载 6 名乘客的飞机，但这实际上违反了停战协定里面的技术条款，飞机的结局便由此决定。

D.Ⅰ型战斗机，在这个型号上，道尼尔第一次获得了大量订单。

正在起飞的道尼尔 GS.Ⅰ水上飞机，机头这个座舱实际上在正面没有玻璃。

改装后的 GS.Ⅰ在 1919 年 7 月 31 日首飞，次年在瑞士的一家航空公司进行了实用测试，测试表明该机可靠而又有经济性。测试完成后，原型机前往荷兰和瑞典进行展示，在阿姆斯特丹展示之后预定前往斯德哥尔摩，但离开前被协约国发现，并被要求报废。于是在 1920 年 4 月 25 日，GS.Ⅰ沉入了基尔运河。这对道尼尔是

个重大打击，设计搭载 9 名乘客的 GS.Ⅱ计划也只有终止，纵使他们已经制作了原型机的部分零件。

道尼尔没有放弃商业飞机，在这个时期设计了 CS.Ⅱ型水上飞机，这是世界上最早的商用水上飞机之一。CS.Ⅱ相当丑陋，宝马Ⅲa 发动机突兀地安装在机头上方，驱动一副两叶木制

螺旋桨。封闭式机身内可以容纳 4～5 名乘客，机身两侧有凸出短翼。机翼是上单翼，位于机身上方，飞行员坐在发动机正后方。

为了避免再遇到 GS. Ⅰ 的情况，道尼尔将飞机零件运过康斯坦茨湖，在瑞士国土上组装完成。1920 年 11 月 24 日，飞机完成首飞。由于螺旋桨和水面互相干扰，道尼尔在机头下方加装了一个"靴子"形状的扁浮筒。改装之后的飞机改名为道尼尔 L. Ⅰ "海豚"，卖给了美国海军。

CS. Ⅱ 水上飞机，虽然外观相当丑陋，但它却是道尼尔在商用飞机上成功的开端。

道尼尔"海豚"，CS. Ⅱ 的继承者。

L.Ⅱ，即"海豚"Ⅱ型的客舱内部照片，装饰颇为华丽。

道尼尔"蜻蜓"，一种小巧的水上飞机。

第二架 L. I 飞机换装罗尔斯·罗伊斯（Rolls-Royce）的"猎鹰"发动机，该机完工后卖给了日本川崎重工业株式会社。第三架飞机又换了发动机，这次是意大利伊索塔·弗拉西尼（Isotta Fraschini）公司的 A 10 发动机。第四架飞机是"海豚"II 型，这次使用 260 马力的"猎鹰"III 发动机，其他部分也有所改进，而最大的改动是飞行员回到了机身中，坐在 6 名乘客前面。"海豚"II 制造了 4 架，其中之一卖给了皇家空军，可见此时协约国已经不再那么严格地控制德国飞机发展。

而后道尼尔研制的是一种双座小型水上飞机，叫做"蜻蜓"I 型，它只能坐 2 个人，最初安装一台 55 马力星形发动机。"蜻蜓"I 至少制作了 7 架，包括原型机在内。然后是略微改进的"蜻蜓"II 型，至少制造了 5 架，其中之一幸运地留存至今。道尼尔还根据"蜻蜓"II 制作了一种陆用型，称作"麻雀"，在 1924 年 2 月 12 日首飞。

1922 年，道尼尔的工作室从林道搬到了腓特烈港和曼泽尔（Manzell）之间的位置，这里实际上是腓特烈港的郊区，距离港口很近。这年晚些时候，齐柏林工厂-林道有限公司更名为道尼尔金属有限公司，办公地点移动到了腓特烈港，此外还接过了腓特烈港航空股份有限公司（Flugzeugbau Friedrichshafen GmbH）的生产设施。后者成立于 1912 年，成立后他们搬进位于曼泽尔的旧齐柏林厂房，还另外建立了 2 个工厂。但好景不长，腓特烈港航空在 1923 年破产，所有剩下的东西都转给了再度改名的道尼尔飞机制造有限公司。

正好在这段时期，道尼尔转向陆基飞机设计。首先是 C. III 型，或者称为"彗星"I 型。这是个相当丑陋的设计，就好像是将某种水上飞机改成普通飞机的机腹，再随便加了两个轮子。不过宝马 IIIa 发动机能正常地安装在机头上，而不是之前 L. I 水上飞机那种奇怪的形式。"彗星"I 可以容纳 1 名飞行员和 4 名乘客，只制造了 3 架，而且最后都改装成了"彗星"II 型。"彗星"II 原型机在 1922 年 10 月 9 日首飞，II 型安装的是功率增加到 250 马力的宝马 IV 发动机，还另外新制造了一批飞机。生产型之中至少有 8

"彗星"I 型客机。

略为改动后的"彗星"Ⅱ型。

道尼尔 H 型"隼",这是个很简洁的设计。

架卖给苏联,2 架卖给西班牙,1 架卖给哥伦比亚,德国自己的航空公司也有少量使用。

　　同时期的道尼尔 H 型"隼"是一种单发全金属战斗机,大致基于战时设计的 D.Ⅰ 型。新飞机改成了单翼构型,取消了下方机翼,安装西斯潘诺-苏萨(Hispano-Suiza)发动机,可输出 300马力,散热器位于固定的主起落架之间。飞行员在机翼后方的敞开式座舱内。

　　1922 年 11 月 1 日,第一架原型机首飞。但

由于德国仍被限制制造军用飞机,道尼尔在瑞士的子公司制造了 2 架"隼",又在意大利制造了 3 架。"隼"没有大量生产,其中一架还在1923 年改成了水上飞机,安装两个浮筒在机身下。该机名称是"海隼",它转用宝马的 Ⅳa 型发动机,功率 350 马力。

　　这架水上飞机后来卖给了莱特航空(WrightAeronautical)公司,在美国改装莱特许可生产的莱特-西斯潘诺 H-3 发动机。美国海军对其进行

了测试，速度达到 250 公里/小时。虽然评价很不错，但美国海军认为眼下单翼飞机过于先进，超过实际需求。

由于对德国的军用飞机禁令将延续到 1926 年，道尼尔就先在意大利设立了一个子公司。这个子公司的目标是继续发展和制作此前放弃的 GS. II 水上飞机。新飞机被编为道尼尔 J. I 型"鲸鱼"，原型机在 1922 年 11 月 6 日首飞。这是道尼尔第一个大成功：原型机飞行很成功，使得一些意大利财团愿意购入子公司的大部分股票，让道尼尔有额外资金可以将它投入批量生产。

"鲸鱼"的构型类似于 GS. I，但改为全金属制作，两台发动机在机背短舱内，一台推进、一台拉进。新飞机生产了大约 300 架，在意大利的生产线一直运转到 1932 年。意大利子公司停产的前一年，母公司接过改进版 J. I 型，继续生产到 1936 年。

此外日本、荷兰、西班牙几个国家都许可生产了"鲸鱼"。广泛生产的"鲸鱼"至少有 20 种不同的改型，使用过各种各样的发动机：早期型号是 360 马力的西斯潘诺-苏萨发动机，或者罗尔斯·罗伊斯的 355 马力"鹰"IX 型，后来使用过 600 马力的宝马 VI 型、560 马力的西门子 SH 20、750 马力的菲亚特 A. 24R、500 马力的法曼 12We、600 马力的西斯潘诺-苏萨 12Lb、510 马力的伊索塔·弗拉西尼 Asso 500、400 马力的"自由"、450 马力的纳皮尔"狮"。

各种改型里面也包括了军用型，搭载 2 至 4 名机组，飞行员位于机头，更前方有一名机枪手，发动机后方还有一个机枪手座位。武器包括 3 挺 7.92 毫米机枪，或者可挂载 4 枚 50 公斤炸弹。军用型从 1935 年开始交付，西班牙、阿根廷、智利、荷兰、南斯拉夫、苏联都有购买，在生产最后阶段，意大利和德国自己也装备了军用型"鲸鱼"。

民用型在前机身有一个座舱，可搭载 12 名乘客，飞行员座位则在他们的座位后面。主要用户是德国、意大利、巴西、哥伦比亚的一些航空公司。它在运营方面表现出色，甚至有人说"鲸鱼"是水上飞机历史上最伟大的商业成就。

"鲸鱼"创下了至少 20 项纪录。例如在 1926

阿蒙森的两架"鲸鱼"编号为 N24 和 N25，图片上这架 N24 号受损，修复失败后被放弃在北极。

年，一名名为拉蒙·佛朗哥（Ramon Franco）的西班牙飞行员带着他的机组进行了一次跨大西洋飞行，这次历险记让他成为西班牙的国民英雄。1月22日，他和机组飞离西班牙，旅程持续4天时间，航程10270公里，抵达阿根廷的布宜诺斯艾利斯。3年后，佛朗哥再次用"鲸鱼"进行跨大西洋飞行，但这次运气不好，飞机在亚速尔群岛附近坠毁。几天后，皇家海军的"鹰"号航空母舰将这一行人救起。

挪威极地探险家罗尔德·阿蒙森（Roald Amundsen）也用过2架意大利子公司生产的"鲸鱼"，在1925年，他试图直接驾机飞到北极点。这两架飞机抵达了87度44分的位置，无法继续前进，阿蒙森抛弃了其中一架，带着另一架飞机返航。

了环球飞行。

"鲸鱼"的最后两个型号是J. II型，分为8吨和10吨版。1933年5月，一架8吨版进行了第一次跨大西洋客运飞行测试，航线是从冈比亚到巴西。这次测试是成功的，依据测试经验，德国汉莎航空（Deutsche Lufthansa AG）在1934年2月建立了从德国斯图加特到巴西纳塔尔的定期航空邮政航线。开通之初，在这条航线上飞行的"鲸鱼"要在大洋中央降落，这里停泊着一艘叫做"韦斯特拉芬"号的改装货船，作为补给点。飞机滑行到拖曳平台上，吊上船加油和维护，然后再弹射起飞。1934年9月，汉莎航空有了第二条货船"斯瓦比亚"号，这样可以将两艘货船放在跨洋航线的两端支援飞机。1935年8月25日，"鲸鱼"完成第100次跨洋邮政飞行。在

客运型的"鲸鱼"，客舱位于机身前部。

1930年，德国人沃尔夫冈·冯·格罗诺（Wolfgang von Gronau）驾驶着一架"鲸鱼"开辟了跨越大西洋的北方航线。他从德国叙尔特出发，通过冰岛、格陵兰、拉布拉多抵达纽约，全程47小时。1932年，他又驾驶另一架"鲸鱼"进行

1938年被新飞机替代之前，"鲸鱼"已经完成300多次跨南大西洋飞行，在航线上使用的主要型号是安装封闭座舱的10吨版本。

道尼尔秘密给德国空军制作了军用型号，对应地称作Do 16"军用鲸"。军用型飞机上安装

3 挺 7.92 毫米机枪，到 1934 年末已经完成并交付 16 架。此外还有一种给日本设计的陆用型，称作道尼尔 N 型，运到日本神户后由川崎公司组装，改称 Ka 87 型。

道尼尔 E.Ⅰ型的布局类似于"鲸鱼"，但尺寸小一些，只有一台拉进式发动机。E 型为全金属飞机，机翼仍用支柱支撑在机身外，机身两侧有道尼尔特色短翼。敞开座舱内可以并排乘坐 2 人，后机身还有一个座位容纳观察员，他可以操作机枪或者使用相机。E.Ⅰ型只造了 2 架，安装罗尔斯·罗伊斯的"鹰"Ⅸ发动机，分别卖给了日本和智利。

E.Ⅱ型改用格罗姆-罗纳（Gnome Rhone）的"木星"发动机，机翼的部分蒙皮改回织物。E.Ⅱ型也只制造了 2 架，它们在 1926 年参加德国水上飞机比赛。然而由于飞机被水浪打伤，比赛开始之前就退出了。

"彗星"Ⅱ的成功让道尼尔决定继续开发这个系列，他们制作了更大的 L.3，或者称为"彗星"Ⅲ型。这种飞机安装 360 马力的"鹰"发动机，机翼支撑在机身外，敞开座舱内容纳 2 名飞行员，封闭座舱内容纳 6 名乘客。1924 年 12 月 7 日，原型机首飞，此后制造了至少 12 架生产型，大部分由汉莎航空运营。日本川崎公司另外制造了 4 架这个型号。

1925 年，道尼尔公司开始准备一种新改型，基于"彗星"Ⅲ的 B 型"水星"。原型机在 2 月完工，新飞机使用了与旧型号不同的垂尾，没有支撑的尾翼，机翼翼展较大，后缘中央挖空了一块，发动机升级为 460 马力的宝马Ⅵ型。至少有 8 架"彗星"Ⅲ改装成了"水星"，另外还有一种起飞重量进一步增加的"水星"Ⅱ型。"水星"里有不少安装两个浮筒的，改为水上飞机使用。"水星"作为客机也比较成功，汉莎航空拥有至少 36 架，巴西、瑞士、日本、苏联、哥伦比亚这些国家都有"水星"，用于客运飞行。

在这几年里，同样基于"彗星"，道尼尔设计了 C 型机。这种飞机是实验性质的单发侦察机，而非商用飞机。它的发动机是 460 马力的纳皮尔"狮"，原型机在 1924 年 9 月 29 日首飞。因为这是军用飞机，只能由道尼尔在瑞士、意大利和日本的子公司生产。这种飞机还有一个鱼雷/侦察型，编为道尼尔 D 型，交付给南斯拉夫空军使用。D 型使用 600 马力的宝马Ⅵ型发动机，还有 2 个浮筒。D 型的原型机在 1926 年首飞，1928 年 9 月 15 日完成第一架生产型。这个系列的最后一种是道尼尔 T 型救护机，机身内有安置伤病员的舱室。T 型只有 1 架，交付给了瑞士空军。

道尼尔"水星"，CH-142 号。这张照片摄于柏林滕珀尔霍夫机场，周围的这群人正在迎接飞机到来。

道尼尔 D 型鱼雷/侦察机，这个型号只制造了 2 架。

1928 年 3 月 30 日，道尼尔 L.Ⅲ型"海豚"

停在湖边的"海豚"Ⅲ，D-1857，"康斯坦茨"号。

Ⅲ首飞。它比旧型号更大，翼展增加了 2.5 米，最多可以装载 12 人，发动机是宝马Ⅵ型。道尼尔的子公司制造了 3 架这个型号。

道尼尔 R.2 是一个新的双发型号，原型机在 1926 年 9 月 30 日首飞。新飞机被称为"超级鲸鱼"，它也是当时允许在德国生产的最大飞机。这个型号能搭载 20 名乘客，航程达到 2000 公里。R.2 的翼展为 28.6 米，2 台罗尔斯·罗伊斯"秃鹰"Ⅲ发动机带动它飞行，每台发动机输出 650 马力，以道尼尔传统的推拉布局安装在机翼上方短舱内。"超级鲸鱼"只制作了 2 架，第二架飞机使用 800 马力的纳皮尔"狮"发动机。

"超级鲸鱼"是道尼尔公司新一代大型水上飞机的开端，接着道尼尔就推出了 R.4 型"超级鲸鱼"Ⅱ。新飞机安装 4 台发动机，两两一组放置在短舱内。飞机的其他部分仍保留着道尼尔特征，例如支撑在机身外的主翼，机身两侧兼用作浮筒的短翼。第一架原型机在 1928 年 9 月 5 日首飞，而后汉莎航空购入 5 架，用于吕贝克-奥斯陆航线和柏林-斯德哥尔摩航线。意大利的一家航空公司买了 6 架，在意大利西海岸到西班牙航线上运营，但使用中有 3 架损失。西班牙许可生产了至少 1 架军用型号。"超级鲸鱼"Ⅱ也是一种值得称赞的大型水上飞机，它在生涯里创下了 12 项世界纪录。

而后的道尼尔 K.1 型是一种看起来颇为笨重的陆基客机。它可以运载 8 名乘客，只在机头安装了 1 台 510 马力的布里斯托"木星"发动机，起落架是固定式。1929 年 5 月 7 日原型机首飞，试飞中飞机性能表现得很差，道尼尔决定将其回炉重造。重新设计的 K.2 型回到推拉布局，4 台发动机分组安装在机身两侧，但使用的是功率较小的格罗姆-罗纳"泰坦"，每台 240 马力。然而试飞结果仍不佳，改进后的飞机性能没有显著提升，很快该型号就被放弃。

"超级鲸鱼"原型机首飞时的照片，此时该机还没有涂装任何标志。

刚起飞的"超级鲸鱼"Ⅱ，上方是一艘齐柏林飞艇，道尼尔老东家的产品。

道尼尔 P 型轰炸机，机翼上支撑在外的襟翼很显眼。

X 型水上飞机可以说是道尼尔的象征，虽然它本身并不成功。

在纽约港口外拍摄的 X 型，一群小船正围着它转圈。

正在起飞的 X 型，作为当时最大的飞机，它显得魄力十足。

X 型的内部装饰，与追求效率的现代客机不同，异常豪华。

数量众多的发动机使得 X 型需要专门的随机工程师舱，飞行员通过电报通知他增加或减少功率，就像在远洋邮轮上一样。

下一个设计是道尼尔 P 型，4 台发动机以推拉布局安装在机翼上的短舱内，这次短舱直接安装在机翼上表面。比较特别的地方是 P 型的双翼尾翼，两副翼面中间还有一副襟翼。主翼的外段机翼上也有类似的襟翼，支撑在主翼之外。P 型是一种轰炸机原型机，所以放在瑞士制造。第一架原型机于 1930 年 3 月 31 日首飞，而后又完成一架，两者之一送到了德国空军在苏联的秘密机场进行测试。

瑞士子公司在阿尔滕莱茵（Altenrhein）的工厂竣工之后，道尼尔开始筹划制造世界上最大的飞机。这就是著名的道尼尔 X 型水上飞机，设计意图是用它运营跨大西洋航线。这架巨大的飞机翼展达到 48 米，长度为 40.05 米，全重有 48 吨。X 型是典型道尼尔设计，也可以说是最经典的道尼尔飞机，它的机翼位于机身顶部，机身侧面有短翼。主机翼上背负了多达 12 台发动机，安装在 6 个推拉组合的短舱里，短舱之间有短翼互相连接，6 个发动机舱这样排列开来，看起来强而有力，异常壮丽。

庞大机身的内部分为三层甲板，顶部的一层是机组舱室，内有 2 名飞行员、机长、导航员、随机工程师、无线电员。第二层是客舱，长途航线运营时可以搭载 66 名乘客，短途航线可以搭载多达 100 人。下层甲板是 16000 升油箱，行李和其他杂物也都放置在这里。

道尼尔 X 型的原型机编号为 D-1929，于 1929 年 7 月 25 日在康斯坦茨湖首飞。原型机安装了 12 台西门子产的"木星"风冷发动机，每台输出 525 马力，总共 6300 马力。这个总功率对于 X 型来说根本不够，飞机表现得严重动力不足。尽管如此，在当年 10 月 21 日，该机进行了一次 1 小时的短程飞行，飞机上有 10 名机组、预定的 150 名乘客，还有 9 个偷偷摸摸上飞机凑热闹的家伙。这次飞行创下了航空器载人数量飞行纪录，并且保持了长达 20 年之久。

1930 年 8 月，原型机的发动机改装成寇蒂斯的"征服者"型液冷发动机，每台功率 650 马力，全机总功率增加到 7800 马力，此外短舱之间的连接翼和支撑用的整流柱改成了支架。而后道尼尔准备在美国宣传这架飞机，试图找到买主。于是在一战著名王牌弗里德里希·克里斯蒂安森（Friedrich Christiansen）的指挥下，D-1929 离开腓特烈港。飞行路线是先经过阿姆斯特丹、卡尔肖特、里斯本这几个城市。飞到中途的里斯本，原型机机翼遭遇火灾受损，修理了几周之后才再度起飞。抵达加那利群岛后，D-1929 再度起飞时机身遭到损伤。又继续拖延一段时间在维修上，D-1929 号才抵达葡属几内亚。接下来途经巴西、西印度群岛，终于抵达纽约。

在美国展示的时期中，道尼尔与潜在买家的谈判失败，没能把 X 型卖出去。远征的结果是经历了 9 个月旅程之后，D-1929 在 1932 年 5 月 21 日打道回府。返程倒是很顺利，3 天后飞机抵达德国，大约 20 万民众出来欢迎。此后该机转交给了汉莎航空，德国航空研究所（German Aviation Research Institute）也有使用，最后该机在柏林的德国航空博物馆展出，第二次世界大战时毁于轰炸。

道尼尔在 1932 年给意大利制造了 2 架 X 型，发动机是 580 马力的菲亚特 A.22R 型，此外发动机舱改成了流线型。意大利海军对这两架飞机并不满意，只使用了很短时间。

而后的道尼尔 S 型是一种稍大版本的"超级鲸鱼"Ⅱ，可以搭载 22 名乘客。S 型是全金属飞机，发动机为 4 台 465 马力的西斯潘诺-苏萨 12Lbr 发动机。S 型有前后两个客舱，它们的上层是独立的机组舱。S 型只有一架原型机,在 1931 年 9 月 23 日首飞,11 月 16 日飞往巴黎参加航展。最后交给了一个海军飞行学校,1935 年在波罗的海损失。

同样在 1931 年,道尼尔制造了两种侦察机,C.2 和 C.3 型。这两种飞机使用过几个不同型号的西斯潘诺-苏萨发动机。前者的原型机在 7 月 25 日首飞,是水陆两用飞机,作为水上飞机使用时要安装两个浮筒。后者只有水上飞机型号,有 3 人机组,包括一名坐在凸出座舱内的机枪手。两个型号都局限在测试阶段,没有投产。

这个时期,道尼尔的最后一个作品是 K.3 型,它是 K.2 的改进版。飞机安装 4 台 305 马力的沃尔特·卡斯特风冷发动机,仍然安装在推拉形式的短舱里,短舱位于机身侧面,主翼和机身都有支撑柱与其相连。机身形状修改得比较圆滑,机翼前缘是弧线型。这种飞机大部分是金属制成,还有大面积的织物蒙皮。飞机主起落架不能收放,但套在了一个大型整流罩内,机舱内可容纳 10 人,再加上飞行员。

K.3 型只制造了 1 架,在 1931 年 8 月 17 日首飞。虽然飞机性能有所改进,但汉莎航空仍拒绝使用。最后这架 K.3 被送到了德国民航飞行员学校,在这里作为教练机使用。此外,道尼尔还有一个可收放起落架的 K.4 计划,但在初期阶段就被放弃。

唯一的一架道尼尔 S 型的原型机。

C.2 侦察机，最大速度 250 公里/小时，也只有原型机。

飞过头顶的 K.3，从这个角度可以明显地看见圆弧形机翼前缘。

第二节　德国空军的时代

第一次世界大战失败的影响逐渐过去，德国正在计划大幅度扩展航空工业。道尼尔公司则忙于回购在齐柏林公司手里的道尼尔股份，以此彻底脱离齐柏林。然后道尼尔开始着手扩大曼泽尔的工厂，并且在腓特烈港周围弄到了另外两个厂址，洛文塔尔（Lowenthal）和奥曼斯维尔（Allmannsweier）。公司的名称再度变更，现在是道尼尔制造有限公司，还成立了一个国家出资的影子工厂，在波罗的海岸边的维斯马（Wismar）城，名称是道尼尔制造维斯马有限公司。

纳粹党掌权之后不久，帝国航空部于1933年4月27日成立。这个部门负责统管所有航空事务。航空部很快给所有德国飞机制定了一套概括性的编号系统。所有有动力的飞机以8为前缀，短线后接型号数字。举例来说，8-57型飞机即为福克-沃尔夫的Fw 57型，8-109则是Bf 109。

第一种得到航空部编号的道尼尔飞机是C.4型，编号为Do 10。这是一种双座单翼战斗机，大部分构件是金属，后机身有部分蒙皮是织物。飞机起落架是固定式，为了减小阻力，主轮由一个大型整流罩封闭。发动机有3种，罗尔斯·罗伊斯的"茶隼"Ⅲ型，输出525马力；宝马Ⅵ型，650马力；西斯潘诺-苏萨12Xbr发动机，输出690马力。

第一架原型机在1931年7月24日首飞，之后只制造了另一架原型机，没有获得生产订单。飞机的武器包括4挺机枪：2挺前射，后座控制2挺活动机枪。因为它局限在原型机阶段，道尼尔将其用于倾斜发动机测试，当时他们认为这种布局可以提高飞机爬升率。

接下来的是道尼尔Y型，编号为Do 15，它

Do 10的两架原型机之一——D-1592号，另一架的编号是D-1898。

Do 15的原型机，独立支撑在机背上的发动机比较突兀，机翼外支撑的襟翼也还保留着。

Do 11 型 D-3029 号，这架可能是汉莎航空使用的飞机之一。

第 153 轰炸机联队二大队的 Do 23 型队。

是一种三发轰炸机。这种飞机的机翼形状类似于之前的 K 型飞机，机翼前缘以常规方式安装 2 台发动机，还有一台用支架背负在机背上。发动机型号是布里斯托"木星"，每台输出 450 马力。粗壮的机身里有 4 名机组乘员，其中 2 名飞行员，2 名机枪手，机枪手各操纵 2 挺机枪。飞机的挂载性能为最大 12 枚 100 公斤炸弹。

原型机在 1931 年 10 月 17 日首飞，前两架飞机卖给了南斯拉夫空军。在 1937 年，南斯拉夫空军又购买另外 2 架 Y 型，但此时 Y 型已经很落后，只用到了 1939 年就被意大利制造的 SM 79 换下。道尼尔基于 Y 型设计了民用的 U 型，没有实际制造。

1932 年，道尼尔开始在康斯坦茨湖德国一侧制造大型飞机。第一种是道尼尔 F 型，表面上它是邮政飞机，实际上作为轰炸机设计，后来获得了 Do 11 的编号。这是道尼尔的第一种可收放起落架飞机，发动机是 2 台 650 马力的西门子 Sh 22B 型，以常规布局安装在机翼上。原型机在 1932 年 5 月 7 日首飞，第二架原型机完工之后，飞机出现机翼严重震动的问题，于是道尼尔设计了 Do 11D 型，减小了飞机翼展。

道尼尔制造了 4 架 Do 11D 型，交付给德国国家铁路使用，由汉莎航空负责运作。另一架轰炸型交给雷希林测试中心测试，在雏鸟时期的德国空军里短暂服役过。轰炸型可携带 1000 公斤炸弹，有 3 挺自卫机枪。由于可收放起落架故障很多，道尼尔试做了一架固定起落架的 Do 13 型。

Do 12 型对应道尼尔的"蜻蜓"Ⅲ型，虽然继承了"蜻蜓"这个名字，但这是个全新型号。这是一种小型两栖飞机，由 1 台 220 马力的阿尔戈斯 As 10 发动机驱动。发动机还是道尼尔式的，用支架支撑在机背上，螺旋桨为推进式，浮筒却是常规布局，而非道尼尔短翼。两名机组并

排坐在机头，背后的小舱室里可容纳 2 名乘客。它配有陆地使用的可收放起落架，但只能手动操作。这种飞机只制造了 1 架，在 1932 年 6 月 23 日首飞。飞行测试表明该机动力不足，而后换用了 317 马力的格罗姆-罗纳"泰坦"。该机后来由德国天主教会的保罗·舒尔特神父使用，此人有个"飞行神父"的名号。1936 年，舒尔特在"兴登堡"号飞艇上进行了世界第一次空中弥撒。

Do 23 是 Do 11/13 的发展型，原型机直接由那一架 Do 13 改装。改进过后的飞机相当程度地强化了结构，并且减少了 2.4 米翼展。原型机完工之后在 1934 年 9 月 1 日首飞，接下来这个型号获得了批量订单。最初投产的型号是 Do 23F 型，安装 2 台 690 马力的宝马 Ⅵ 型。接着是 Do 23G 型，安装略微增强到 750 马力的宝马 Ⅵ u 型，新发动机使用水/乙二醇混合的冷却液。虽然整体性能仍很平庸，但改进过后的 Do 23 设计获得了不少订单，最终交付大约 200 架，其中四分之一以民用飞机注册，其余大部分在德国空军的 3 个轰炸机大队里服役。

Do 14 型水上飞机是一种设计用于跨洋飞行的测试机，只制造了 1 架原型机。这架飞机在道尼尔的设计里也比较不同寻常，它安装 2 台宝马 Ⅵ 发动机，通过一个复杂的齿轮箱耦合驱动一个大型推进螺旋桨，螺旋桨本身用支架支撑在机背上。

前文已经提到了道尼尔在腓特烈港和维斯马的扩展，纳粹政府的扩军政策让道尼尔抓住了很多新机会，他们又开始组建新工厂。这次的工厂选址是慕尼黑附近的上法芬霍芬（Oberfaffenhofen），工厂的建设工程在 1938 年完成。等到 Do 335 准备生产时，这里已经成了道尼尔的主要工厂。与此同时，道尼尔制造维斯马有限公司更名为北德意志道尼尔制造有限公

司，后来这个分公司总共给德国空军生产了约 300 架 He Ⅲ 轰炸机，还有一些 Ju 88 轰炸机及 Fw 190 对地攻击型飞机。

也许除了 X 型水上飞机之外，最著名的道尼尔飞机是被称为"飞行铅笔"的 Do 17。Do 17 是一个中型轰炸机系列，从 1932 年开始设计。当时德国陆军兵器局提出了一个飞机指标，要给汉莎航空提供一种高速邮政飞机。帝国航空部成立后接过这个项目，飞机从货运用途转为"特殊装备"，即轰炸机。

Do 17 一改以往道尼尔多发飞机给人留下的粗大笨重的印象，它的机身纤细而优雅，细长得像一支铅笔，这个外形也是其昵称的由来。飞机的其他部分都是传统布局，包括机翼上安装的 2 台发动机，正常的主翼和尾翼，可收放起落架。V1 号原型机在 1934 年 11 月 20 日首飞，次年 3 月交付雷希林（Rechlin）的德国空军测试中心（Erprobungsstelle），它在 12 月由于发动机故障全毁。接着是 V2、V3 两架原型机，它们都改成了双垂尾。道尼尔在 1936 年 6 月制造了一架"替代"V1 号，它和 V4 号一起用来测试轰炸装备。V5 号原型机则作为原计划的飞机制造，即给汉莎航空使用的邮政飞机。

第一种生产型是 Do 17E-1，安装 2 台宝马Ⅵ发动机，有 2 挺自卫机枪，可挂载 750 公斤炸弹。机组包括飞行员、导航/投弹手、2 名机枪手。E-2 型则基于 V7 号原型机，增强了自卫

实验性质的 Do 14 型水上飞机，螺旋桨前方的短舱内只有传动系统。

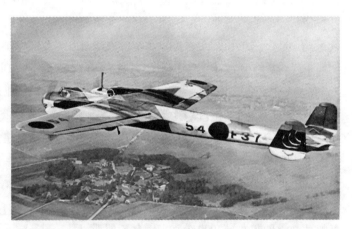

摄于 1937 年，第 255 轰炸机联队的 Do 17E 型，此时已经涂装了早期的绿-灰-棕三色迷彩。

在北非作战的 Do 17Z 机头近照，这个扩展后的巨大机头让它不再像"飞行铅笔"。

火力。最初的这些生产型交付给了德国空军的 3 个轰炸机联队，西班牙空军也接收了一些。此外还有基于 E 系列的侦察型，Do 17F-1 和 F-2。

道尼尔的下一步改进计划主要是增强飞机动力，新的原型机改用 DB 601、BMW 132、布拉莫 323 这几种发动机。这些改型很快将成为 Do 17M 系列：第一架原型机在 1937 年 4 月首飞，然后参加了苏黎世航展，它在航展上飞得比作对比的战斗机还快，引起航空业界相当的关注。该机安装的 DB 601 发动机可以输出 1000 马力，赋予了它出众的性能，但奔驰在批量交付上遇到了麻烦，而且很快就要优先供应给战斗机使用。于是第二架原型机和生产型飞机只能采用 900 马力的布拉莫风冷发动机，性能有明显下降。新的 Do 17P 侦察机则使用 865 马力的 BMW 132 发动机。南斯拉夫空军购买了一些出口型的 Do 17K，使用格罗姆-罗纳发动机。

最主要的生产型是 Do 17Z，这个型号改装了一个大型机头，机头是温室型的玻璃风挡，以改善机组的视野。机头空间扩大之后，飞机可以增加自卫武器，现在共有 6 挺机枪，此外炸弹挂载量也增大到 1000 公斤。所有 Z 型都使用增加到 1000 马力的布拉莫 323P 发动机，子型号包括 Z-1 到 Z-3 轰炸机、Z-4 侦察机、配有海上救生设备的 Z-5 轰炸机、Z-6 海上侦察机、计划中的 Z-8 对地攻击机、配有特殊电动炸弹释放装置的 Z-9 轰炸机、Z-7 和 Z-10 夜间战斗机。夜间战斗机的机头是封闭的，这里安装了 4 挺 7.9 毫米机枪和 2 门 20 毫米 MG FF 航炮。

Do 17 的订单很多，总产量超过 2000 架，除了道尼尔以外，还有其他几个公司也参加了生产。德国空军的第 2、3、76、77 轰炸机联队接收了大部分 Z 型轰炸机，其他的 Z 型交给侦察机和夜间战斗机部队使用。

迄今为止，道尼尔还没有在战斗机设计上取得过多少成就，他们在这段时期设计了 Do 29 重型战斗机，预定作为 Bf 110 的竞争对手，但设计方案仅停留在纸面上。

水上飞机是道尼尔的传统，新的 Do 18 设计基于"鲸鱼"系列，布局和构造与旧飞机类似，发动机改为 2 台 540 马力的 Jumo 205 柴油机。第一架原型机在 1935 年 3 月 15 日首飞，同年 11 月 2 日在波罗的海进行高速试飞时遭遇事故，飞机全毁。接下来的 V2 和 V4 号原型机是军用型，而 V3 号原型机是给汉莎航空准备的民用型。

最初的生产型是 Do 18D，给德国空军准备的侦察机。飞机装备 2 挺机枪，可挂载 2 枚 50 公斤炸弹。而后的 V5 号原型机改为给汉莎航空准备的 Do 18E 型。1936 年 9 月 10 日至 11 日，该机从亚速尔群岛的霍尔塔起飞，经过 22 小时 12 分钟抵达纽约。与此同时，V3 号原型机也从霍尔塔起飞，经过 18 小时 15 分钟抵达百慕大群岛的汉密尔顿。

压燃的柴油机在热效率上表现出了明显优势，赋予飞机杰出的航程性能。但 Jumo 205 系列是对置活塞发动机，这种特殊布局不适合在高性能飞机上使用。在功率这方面，当时的柴油发动机发展潜力也比较有限。

1936 年 4 月，V3 号和 B5 号原型机开始在冈比亚到巴西的跨南大西洋航线上运营，这条邮政航线的长度达到 3040 公里。6 月份，V6 和 V7 号原型机也加入这条航线，其中 V7 号是唯一的 Do 18F 型，扩大了翼展。1938 年 3 月 27 日至 29 日，V7 号创下不着陆远距离飞行纪录。它从英吉利海峡的水上飞机母舰上起飞，直航抵达巴西，航程全长 8392 公里。

此时第二种军用型开始生产。Do 18G 型改用 880 马力的 Jumo 205D 发动机，自卫武器强化成 1 挺 13 毫米机枪和 1 门 20 毫米航炮。1939 年战争开始时，德国空军的一些侦察部队装备这个型号，而后 Do 18 很快就显得过时，逐渐被 Bv 138 替代。Do 18 的总产量大约为 160 架，最后的 H 型是无武器教练机，N 型是专用的空海救援飞机。

1936 年 10 月 28 日，Do 19 原型机首飞。这是一架设计相当保守的 4 发重型轰炸机，基本没有继承 Do 17 身上先进的地方。Do 19 采用中单翼，机身截面接近矩形，双垂尾，4 台 715 马力的布拉莫 322 发动机。机组共有 9 人，其中至少 5 名机枪手。原型机只有 1 架，试飞时发现飞机动力不足，巡航速度仅有每小时 250 公里，航程不到 1600 公里。作为重型轰炸机，Do 19 的性能十分糟糕。它的竞争对手是容克斯的 Ju 89，容克斯的设计方案性能更好，但在德国空军决定放弃战略轰炸理论之后也遭到搁置。

Do 22 是一种三座多用途飞机，可以选择安装浮筒、机轮、滑橇。飞机设计和制造在瑞士子公司完成，预定用于侦察或鱼雷攻击。第一架原型机安装了浮筒，于 1938 年 7 月 15 日首飞，可以安装 3 至 4 挺机枪。第一架生产型则是 Do 22L，是陆用型飞机，在 1939 年 3 月 10 日首飞。

量产的型号有 3 种，南斯拉夫的 Do 22K、希腊的 Do 22Kg、拉脱维亚的 Do 22Kl。前两个国家分别接收了 12 架和 10 架，而 1940 年苏联吞并拉脱维亚，所以 Do 22Kl 没有交付，之后转给了芬兰。1941 年，轴心国进攻巴尔干地区，南斯拉夫的 Do 22 逃亡

正在起飞的 Do 18G-1，已经使用了航空部新规定的迷彩色。

飞行中的 Do 19 原型机，它回到了以前道尼尔飞机粗大笨重的形象。

这是南斯拉夫空军第 2 中队的 Do 22 水上飞机，后来编入皇家空军第 230 中队。

到埃及，加入英国皇家空军。而希腊的 Do 22Kg 飞机则在意大利入侵时损失殆尽。

荷兰海军的"鲸鱼"曾经在荷属东印度群岛有出色表现，当"鲸鱼"变得老迈之后，荷兰人需要新水上飞机接替它们。于是荷兰政府在 1936 年 8 月向道尼尔订购 6 架原型机，准备作为新装备大量采购。道尼尔拿出的设计是 Do 24 型，这是一种三发飞机，主翼支撑在机身外，发动机安装在机翼上，有道尼尔经典短翼，机尾向上翘起，支撑着尾翼。飞机的油箱安装在短翼内和主翼中段。前两架原型机安装的是 Jumo 205 发动机，但为了便于荷兰使用，它们的制造暂停下来，给 V3 号原型机让路。V3 号安装的是商用型 R-1820-F52 发动机，接下来的 V4 号也与之类似。

Do 24 型水上飞机是一个很成功的型号，现在仍有一些可飞行的飞机留存。

Do 24 在 1937 年 7 月 3 日首飞，海试极其成功。于是没过多久，在 7 月 22 日，荷兰增加采购一批生产型。这些生产型飞机里，前 11 架是交给另一个公司许可制造的，接着的 25 架由荷兰自己的公司许可制造。此时 Do 24K-1 生产型安装 R-1820，K-2 型安装布拉莫 323R 发动机。

进入服役之后，荷兰的 Do 24 大部分派到印度尼西亚，它们在这里表现得非常好。太平洋战争开始之后，其中之一甚至炸沉了日本海军的"东云"号驱逐舰。但一些水上飞机不可能影响战局，随着印度尼西亚陷落，残余的 6 架 Do 24 转交给了皇家澳大利亚空军。

1940 年 5 月，德国入侵荷兰，此时荷兰的公司仍在制造 Do 24。这些飞机被缴获后送往德国，经过改造转给德国空军使用。而后的战争时期里，荷兰继续生产了 159 架 Do 24。另外法国占领区也生产了 48 架。

安装 Jumo 205 的 V1 和 V2 号原型机最终还是完工了，V1 号在 1938 年 1 月 10 日首飞。它们后来都转给德国空军，用于给入侵挪威做准备。接收缴获和别国生产的 Do 24 之后，这个系列的飞机用于运输和联络，还有专门的空海救援 N-1 型。到了 1944 年，德国人意识到西班牙

正在挪威上空飞行的 Do 26，从侧面看过去，机身修长而优雅。

可以救援交战双方的飞行员，于是将 12 架
Do 24 交给他们使用。法国人则在解放后继续生
产了 40 架 Do 24，它们在法国海军里服役到
1952 年。在道尼尔方面，于 1944 年完成了一架
有附面层控制技术的先进版本，编号叫 Do 318，
该机最后被拆解，以免被法国人缴获。

下一个型号可能是道尼尔生产的最漂亮的
水上飞机，Do 26 型。这个型号采用海鸥形机
翼，而不再是道尼尔喜欢的支撑形式。发动机
是 4 台 Jumo 205C，以推拉布局安装在机翼折点
位置。在起降时，后发动机可以向上抬起 10
度，以免螺旋桨受到前螺旋桨带起的水浪干扰。
飞机机身比较优雅细长，没有道尼尔传统短翼，
在机翼中段安装了可折叠浮筒代替。浮筒在收
起时会进入机翼下表面的凹槽，与机翼融为
一体。

V1 号原型机在 1938 年 5 月 21 日首飞，V2
号接着在 11 月 23 日首飞。这两架飞机先交给了
汉莎航空，投入跨南大西洋的邮政航线上。V3
号原型机在 1939 年完工，它是 Do 26B 型的原型
机，增加了人员位置。在第二次世界大战开始
之前，这三架飞机完成了 18 次
跨洋航线飞行。其中 V2 号向智
利运送过 580 公斤医疗物资，救
助当地因地震受灾的人，这次飞
行总共花了 26 小时。

战争开始前，V4、V5 号原
型机均告完工，它们是给德国空
军准备的 Do 26C 型。发动机改
为 880 马力的 Jumo 205D，配有 3
挺机枪和 1 门 20 毫米航炮。原
型机中的前三架交付给德国空
军，它们参加了 1940 年 4 月至 5
月的挪威战役。在这场战役里，
Do 26 专门用于向纳尔维克

（Narvik）运输部队、弹药、邮件。这些飞机的性
能还不足以逃脱战斗机追击，在 5 月 8 日，V2
号被英国战斗机击落，V1 和 V3 号也在 28 日被
战斗机击落。没过多久，V5 号在 11 月 16 日从
母舰上弹射起飞之后损失，机组全部身亡。在
这一系列损失之后，残留的 V4 号被送回去负责
实验和测试工作。

此时，Do 17 的成功已经让很多其他国家空
军产生了相当兴趣。于是道尼尔制造了 3 架改
进型号的原型机，试图进一步挖掘原始设计的
潜力。新飞机的编号改为 Do 215，V1 号原型机
安装 2 台格罗姆-罗纳发动机，但它的性能没有
超出 Do 17Z 多少。V3 号原型机改用 DB 601 发
动机，这次飞机的性能足够，瑞典空军采购了
18 架。但战争开始之后，这批飞机被禁运，最
后由德国空军征用。

道尼尔的生产线当然也转为给德国空军工
作，德国自用的飞机是 Do 215B 型，有 6 个子型
号。B-1 型只是 A-1 型更名，B-2 型是侦察机，
在弹舱内安装 3 台 Rb 50/30 相机。B-3 型中的 3
架卖给了苏联。B-4 型还是轰炸机，B-5 型是夜

飞行中的 Do 215，它与 Do 17 的血缘关系显而易见。

间战斗机，B-6 型安装了测试用的废气涡轮增压器。其中 B-5 型是由 B-1、B-4 型改装而成，安装了类似 Do 17K-10 的武器。Do 215 的总产量大约为 100 架。

Do 212 是一种 4 座水上飞机，由道尼尔瑞士子公司制造，只有一架原型机。飞机发动机位于座舱后，通过一根延长传动轴驱动机尾的推进式螺旋桨。发动机和传动轴可以整体抬升 12 度，在起降时避开水面。飞机机翼尖端安装有固定浮筒，滑行测试时浮筒变形。1942 年 8 月 3 日，该机首飞相当失败，最终由 Do 24 拖曳起飞。由于飞机表现得不稳定，试飞员很快就只能以迫降结束飞行。后继测试中，Do 212 的表现没有什么改善，该机最终在 1943 年被拆毁。

第二次世界大战爆发之后，道尼尔仍在尝试制造巨型跨洋水上飞机，它们也许算得上 X 型的正统继承者。第一个设计是 Do 214，设计指标是能从里斯本直飞纽约。机身内有两层甲板，可容纳 12 名机组和 40 名乘客。发动机是 8 台 DB 613，计划每台输出 3800 马力，两两一组以推拉布局安装在机翼上。Do 214 分为民用和军用型，翼展达到 60 米，长度 51.6 米，在图纸上，它的性能很好，最大速度 490 公里/小时，航程 6200 公里。

到了 1942 年，帝国航空部对道尼尔表示不满，并且提出批评，因为道尼尔居然还在研发民用飞机。航空部要求将工作集中在军用型号上，但道尼尔并未完全照做，这多少给双方造成了一些隔阂。接下来的 Do 216 是一个缩小的 Do 214，翼展 48 米，长度 42 米，安装 6

Do 216(上方两种型号)和 Do 214(下方两种型号)的设计草图。

台 Jumo 223 发动机，每台输出 2500 马力，其中 4 台以推拉形式安装在一起。这个型号仍分为民用和军用型，搭载 10 名机组，后者在机身各处有 7 个遥控炮塔，可搭载最大 5000 公斤炸弹。

这两个型号使用的发动机最终都没能实现。DB 613 是耦合式的 DB 603，奔驰公司长时间没有搞顺基础型号的 DB 603，耦合型根本无从谈起。而 Jumo 223 是一种复杂的矩形布局 24 缸对置活塞柴油机，大致相当于 4 台 Jumo 205 拼接而成，有 4 根曲轴，耦合后传动螺旋桨。Jumo 223 的研制停留在初期阶段，由于飞机本身也超出实际，这两个设计很自然地被放弃。

Do 17 和 Do 215 系列的发展最终导向 Do 217，从产量上来看，也许这算是道尼尔最成功的飞机。它主要作为中型轰炸机使用，还有侦察和夜间战斗机型号，用途相当广泛。

Do 217 外观上看起来就是一架放大版 Do 215，但放大尺寸也意味着全面重新设计，其他改进内容包括强化结构和精炼气动外形。V1 号原型机在 1938 年 10 月 4 日首飞，使用 2 台 DB 601A 发动机。原型机有很多毛病，包括

有在起飞时摇晃的倾向，最终该机在雷希林测试中心坠毁，导致试飞员身亡。接着道尼尔制造了 2 架使用 Jumo 211 发动机的原型机，以及代表生产型的原型机 V4 号，该机安装了武器。

接下来的发展比较顺利，Do 217A-0 预生产型很快投产，制造了 8 架，它们也同时作为侦察型使用。还有另外 4 架 Do 217C-0 预生产轰炸型都安装奔驰发动机。

第一个大量生产的是 E 系列，首先是换用 BMW 801 风冷发动机的 V8、V9 号原型机，对应 E-1 和 E-3 型。飞机的武器包括 5 挺 7.92 毫米机枪和 1 门 20 毫米航炮，弹舱内可最大挂载 2000 公斤炸弹。E-2 型稍晚出现，有一个安装 13 毫米机枪的动力炮塔，后机身安装减速板，预定用于俯冲轰炸。E-4 型换装功率更大的 BMW 801 发动机，E-5 型增大了翼展，以便在机翼下挂载 Hs 293 或 FX 1400 制导武器。

Do 217G 是计划的水上飞机型，道尼尔制作了 2 个模型（以 Do 217W 的编号）。Do 217H 则是安装 DB 603 和废气涡轮增压器的试验型号，只制造了 3 架。下一个主要生产型是 Do 217K-1，

飞行中的 Do 217E-1，该机的工厂编号为 1006，是最初的生产型之一。

重新设计前机身，座舱更大，可容纳 4 名机组。发动机是 1560 马力的 BMW 801L，武器包括机头的双联 MG 81 机枪，侧面的 2 挺 MG 81，炮塔内和机首后下方各 1 挺 MG 131。K-2 型增大翼展，与 E-5 型功能相同，但只能挂载 FX 1400。继续改进的 K-3 型则可使用 Hs 293 或 FX 1400。

Do 217E-2 的机头特写，这架飞机可能属于第 2 轰炸机联队，机腹是黑色，用于夜间轰炸的涂装。

重大改进型号则是 Do 217M，这个系列改用 DB 603 发动机，子型号从 M-2 排到 M-11。其中很多用于携带制导武器，或者是专用的高空型。重武装的 R 型是 M 的发展型，原型机在 1942 年 8 月 6 日首飞。最后一个轰炸型号是 T 型，计划采用 2500 马力的 BMW 802 发动机，但宝马公司取消了这个型号，飞机改型也只能取消。

夜间战斗机型号从 Do 217J-1 开始，这是 E 系列的发展型，机头安装 4 门 MG FF 航炮。J-2 型开始安装 FuG 212 雷达。N-1 型换用 DB 603 发动机，机头武器改为 4 门 MG 151/20 航炮。

英国人缴获的 Do 217M，此时已经涂装了皇家空军的识别标识。

N-2 型则取消了自卫武器，以提高飞行性能。

最令人惊奇的是 Do 217P 系列高空侦察机。这种飞机搭配了一种奇特的组合发动机：机身内安装一台 DB 605T，这台发动机专门给一个大型机械增压器提供动力，这个增压器向机翼的 2 台 DB 603 输送空气，而 DB 603 还留着自己的增压器，这样就形成了一个二级增压发动机套组。1942 年 6 月 6 日，V1 号原型机首飞，而后在 9 月 18 日达到 13000 米高度，飞机的高空性能还算对得起这个发动机组合。但即使抛开复杂性不讲，这套系统的效率也很堪忧——整一台发动机的功率和油耗用于驱动一个专用机械增压器。P 系列的原型机制造了 5 架，预定制造 2 种生产型，P-1 型的翼面积为 67 平方米，P-2 型增加到 71 平方米，但整个计划在 1943 年末被放弃。

到 1944 年 6 月生产终止时，整个 Do 217 系列交付了超过

2000 架，由腓特烈港和慕尼黑周边的工厂生产。其中包括 607 架 E 系列、130 架 J 系列、约 400 架 K 系列、约 490 架 M 系列、347 架 N 系列。

即以上发动机里仅有可用的一种。原型机在 1942 年 9 月 8 日首飞，但在接下来的飞行测试里该机表现不佳，甚至不比 Do 217 好多少，于

Do 217N-2 夜间战斗机。德国空军有将双发轰炸机改成夜间战斗机的习俗，但它们的飞行性能都不怎么样，这使得航空部很期望用 Do 335 取代它们。

主要的 E 系列从 1941 年 4 月起交付给第 2 轰炸机联队，此后他们逐渐换装 K 和 M 型。第 40 轰炸机联队二大队使用过 E 和 K 系列，主要进行反舰作战。1943 年 4 月，第 100 轰炸机联队二大队换装 Do 217E，并且开始使用 Hs 293 导弹，而后换装 K 型，使用 FX 1400 制导炸弹。

夜间战斗机型号从 1942 年 3 月起交付给第一夜间战斗机联队，后来其他几个联队也得到了 Do 217，但它在夜间拦截方面表现得不如 Ju 88。除了少数夜间侦察中队，其他夜间型在 1944 年 8 月退役。

这个系列还有两个设计，Do 317 和 Do 417。前者用于满足"B 轰炸机计划"的指标要求，这是一种高速轰炸机，要求达到 3600 公里航程，替换下 He 111 和 Ju 88。道尼尔设计了两种版本，Do 317A 使用 2 台 DB 603 或 Jumo 222，Do 317B 使用 2 台 DB 610 或 DB 613。

Do 317A 制造了一架原型机，安装 DB 603，

是这个设计让位给 Ju 288。

Do 417 仅停留在计划阶段，这个设计准备使用 Jumo 222，机身进行了大幅度修改，单垂尾，有尾炮。然而这个系列已经不可能继续发展下去，因为正在此时，道尼尔将注意力转向新的飞机，即 Do 335 高速轰炸机方案。

第三节　Do 335 的背景和高速轰炸机计划

推拉布局是道尼尔的传统，虽然之前没有真正在战斗机上使用过，但放在战斗机上也不会让人意外。1937 年 8 月 3 日，道尼尔获得秘密专利授权，专利号为 728044，一种推拉布局的双发战斗机。除了发动机布局以外，该机还有可调安装角机翼，在飞行中允许有 20 度调节范围，以期提高飞机的爬升和起降性能。

专利书的核心内容如下。

专利声称：

1. 一种包括至少三个独立制造并可互换的组件的飞机，即：前机身，包括动力组件和拉进式螺旋桨；由防火墙保护的中央部分，前后延伸，包括机组、仪表，以及可能的燃料；包括机尾和另一套动力组件，带一个推进式螺旋桨。

2. 如上声称1的飞机，有中央部分外蒙皮强化抗弹性能，例如以几毫米后钢板加强的特征。

发明人是克劳德·道尼尔。

根据后来335测试特遣队（Erprobungskommando 335）指挥官、第2轰炸机联队三大队的大队长阿尔伯特·施瑞威斯（Albert Schreiweis）少校的说法，实际上是克劳德·道尼尔的儿子彼得（Peter Dornier）负责进行概念设计。施瑞威斯说："如你所知，在1942年我是联队技术军官。有超过6个月时间，在那段时期，道尼尔两个儿子里比较年轻的一个和我在一起。在小屋（联队部驻所）炉火边谈话的内容里，我得知了Do 335可以追溯到他的提案，他或多或少地构建了这个方案。"

虽然专利本身没有超过绘图板的范畴，但最后大部分基础要素传递给了Do 335。很快在1937年11月，道尼尔开始P.59计划，使用了这个专利布局。推拉布局意味着飞行员可安置在两台发动机之间，飞机只需要一个机身，不像其他机翼发动机舱的标准设计，这样可以减少飞机迎风面，降低阻力系数。

335测试特遣队的飞行员合照，前排中央最高的人就是阿尔伯特·施瑞威斯。

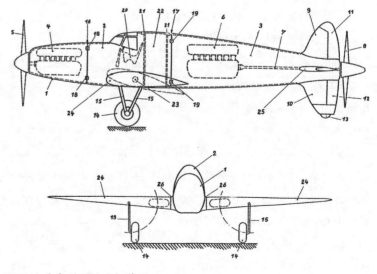

728044号专利里的飞机草图。

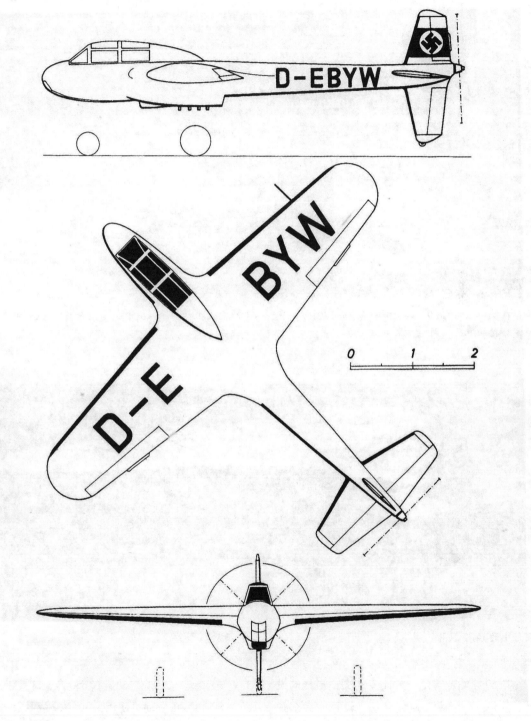

Gö 9 三视图。

停放在机场上的 Gö 9，远处是一架 Do 17，可以直观地看出它们很相似。注意在没有飞行员时，Gö 9 的前轮不会接触地面，因为飞机重心靠后。

飞行中的 Gö 9 照片。

P.59 原始方案是一种比专利图更流线的设计，它是一种单座高速战斗机。设计方案全长 11.36 米，翼展 11 米，主翼可调安装角，翼面积 24 平方米，平尾面积 4.6 平方米，垂尾面积 1.9 平方米。飞机的内油只有 650 升，却要供应给 2 台 DB 601 发动机使用，每台发动机仅能分配到 325 升。低内油设计使得它的航程较短，不过性能指标很可观：海平面高度 595 公里/小时，临界高度 715 公里/小时。

飞机尾翼是十字形，主翼前缘有后掠角，这些要素与 Do 335 相同。但起落架很不一样，不是 Do 335 那样的前三点型，而是传统的后三点，尾轮融入下方垂尾之中。

帝国航空部认为这个计划野心太大，因为就此时的战略形势来看，没有发展非常规布局飞机的需求。他们倾向常规飞机，这样可以更快地投入前线使用。

1940 年 3 月，戈林写信给经济部长，其中包括这样一段："所以，必须集中所有力量在 1940 年或者 1941 年春季能有成果的计划上。所有出成果比这个慢的项目必须推后，让以上项目优先发展，避免给经济带来过大负担。"

这个决定给相应的武器型号带来了深远影响，战争初期取得的连续胜利冲昏了很多人的头脑，没人预料到战争会持续到 1945 年，现在就该着眼于生产立刻能用在"闪电战"上的型号。P.59 计划当然受此限制，只停留在绘图板上。但道尼尔公司坚信基础概念的正确性，私下继续发展这个型号。其结果就是 Gö 9 测试机，这架飞机作为推进式飞机的测试台，用来解决重大技术问题，以及说服航空部中的那些怀疑论者。

帝国航空部极端怀疑后置发动机通过延长轴传动推进螺旋桨的概念，再加上其他一些因素，最终导致他们否决 P.59 方案。为了向航空部展示推进式飞机在使用上没有问题，道尼尔给了申普-希尔特飞机制造厂（Schempp-Hirth Flugzeugbau）一个开发合同。这是一家生产滑翔机的小企业，由马丁·申普（Martin Schempp）和沃尔夫·希尔特（Wolf Hirth）合伙建立。这个公司的设计师沃尔夫冈·胡特（Wolfgang Hutter）基于 Do 17 轰炸机，按照 1 : 2.5 的比例缩小做出了 Gö 9 设计。这种设计方式减少了花费，还有

制造原型机所消耗的时间。需要读者注意，它的 Gö 开头缩写是代表企业所在地格平根市（Göppingen）。

到 1941 年 6 月，唯一的 Gö 9 原型机已经准备完毕。与原型 Do 17 不同，Gö 9 是木制飞机，蒙皮为胶合板。纤细的机身只有 6.8 米长，座舱凸出在机头，下面就是向后方收回的前起落架。飞行员后面是 HM 60 发动机，位于机翼和机身结合处正中，这里也是飞机的重心位置。HM 60 发动机由赫穆特·希尔特的公司生产，发动机输出的功率通过 4 米长的传动轴传递到机尾螺旋桨上，螺旋桨前方是十字形尾翼，这点和 Do 17 也很不一样。

推进式布局需要很多初步测试，十字形尾翼也是。上下垂尾有两个方向舵，整体高度略大于螺旋桨半径——用于保护螺旋桨本身。下方垂尾底部有一个滑轮，可以在起降和滑行时使用，实际上在没有飞行员时，飞机前起落架碰不到地面，要靠这个尾轮支撑。

Gö 9 本来预计装备变距螺旋桨，但这样就不方便在紧急时刻抛掉螺旋桨了，因为变距桨需要复杂的传动变距机构，与传动轴连接得比较牢固。如果飞行员需要跳伞，螺旋桨会成为极其危险的因素，于是原型机安装了 4 叶木制定距桨。飞机平尾上安装有调整片，升降舵上还有外置配重。它的主翼和 Do 17 类似，只是翼展缩小到仅 7.2 米，面积 8.8 平方米，襟翼为分裂式。两根翼梁都是木制，加上胶合板蒙皮，内部有油箱，起落架也收起内藏到机翼里。副翼同样为胶合板，有外置配重。机翼前缘有两个管状油箱，直径只有 180 毫米。油箱底部是有机玻璃，让飞行员可以直接看到还剩多少燃料。由于油箱安装位置比发动机高，也不需要燃料泵，燃料直接在重力影响下流入飞行员背后的收集箱，再进入发动机。飞机的起飞重量

仅 720 公斤，最大速度 220 公里/小时。

　　该机的试飞员是道尼尔公司的赫尔曼·昆茨勒(Hermann Quenzler)，他生于 1909 年 5 月 7 日，获得过飞机工程硕士学位。昆茨勒在 1936 年 1 月 1 日加入道尼尔公司，飞过很多种型号的道尼尔飞机，其中的重点在于只有他飞过 Gö 9，而且在 Do 335 项目中扮演了重要角色。

　　当月，昆茨勒驾驶着 Gö 9 在一架 Do 17M 的拖曳下升空。飞机使用的希尔特发动机没有电启动器，不能在升空后再开机，所以起飞前就要启动。

　　到了 1000 米高度，拖曳机放开 Gö 9，昆茨勒做了几个机动，飞机的反应不错，他不再怀疑这种设计。可以说在 Gö 9 飞机测试的早期阶段，它就已经能证明推进式螺旋桨是可靠的。

　　本来预定的测试完成之后，Gö 9 在 1945 年被拆解运往魏尔海姆(Weilheim)，然后安装专用感应器，准备用于帝国航空部定下的前三点起落架测试。由于加装的设备太重，这架小飞机无法起飞，只能在地面测试。美国人占领该地之前，重获自由的劳工对着 Gö 9 放了一把火，将它彻底焚毁。

希尔特 HM 60 发动机

　　如其名称，希尔特发动机有限责任公司(Hirth-Motoren GmbH)由赫穆特·希尔特(Hellmuth Hirth)在 1927 年创办，他是沃尔夫·希尔特的大哥。赫穆特很快设计并制造出了 HM 60 发动机，在 1931 年的"德国飞行"竞赛上取得了杰出成就。HM 60 的第一个用户是克利姆 L25 轻型飞机，这种飞机安装过各种各样的发动机。赫穆特在它上面证明了实力，接着便成为最重要的运动飞机发动机生产商之一。

　　HM 60R 发动机基于 HM 60 型，也是个很成功的型号。最初的用户是 1933 年的亨克尔 He 71 型。在 1934 至 35 年的"德国飞行"竞赛上，新发动机表现良好，到 1936 年 10 月已经完成了第 1000 台。

　　这两个型号的发动机都是直列 4 缸，汽缸悬吊式布局，曲轴在上方。它们都使用滚柱轴承和分段式曲轴，曲轴段间的连接部分是锯齿状表面，而且能自动定心。这种技术是希尔特的父亲阿尔伯特·希尔特(Albert Hirth)发明并申请专利的，到现在还在广泛使用。

　　HM 60R 型的排量从 3.46 升增加到了 3.6 升，缸径 102 毫米，冲程 110 毫米。压缩比从 5.3：1 提高到 5.6：1。强化结果是起飞功率从 HM 60 的 65 马力提高到 80 马力/每分钟 2400 转。发动机干重为 91 公斤，使用 74 号汽油，有两套独立的博世点火系统，可使用电池和磁电机点火。

　　气门阀由特种钢制成，每个汽缸 2 个，排气和进气阀完全相同并且可互换。气门正时为：进气门开，上止点前 6 度；进气门关，下止点后 50 度；排气门开，上止点前 65 度；排气门关，上止点后 5 度。气门阀由两根短凸轮轴控制，安装在特制导向架上，位于 1、2 号和 3、4 号汽缸之间。

这种设计构成了希尔特发动机的基础，包括功率大得多的型号也是如此。新的标准型 1 升汽缸推动了这些发动机快速发展。以此为基础，希尔特从 1934 年开始生产 4 缸、8 缸、12 缸的改进型号。然而在这些发动机开始运转后不久，赫穆特·希尔特便去世了。赫穆特去世 3 年后，亨克尔在 1941 年买下了他的工厂，这个工厂后来在喷气发动机发展中起到了重要作用。

从几个不同角度看 HM 60 发动机。

尽管 Gö 9 的测试很成功，帝国航空部仍然不相信传动轴技术。于是道尼尔独自完成了剩下的技术发展，构思出 P. 231 计划。此时战争已经进行到 1942 年，现有型号在战场上表现出了明显不足，无法满足未来的需求。在"闪电战"的时期过后，它们已经不适合日益增长的作战需求。某些型号已经到了潜力挖掘极限，而敌机正在占据上风。帝国航空部在新一代飞机发展上仍有迟疑，确实几个公司都有新型号在研，但也都没有多大实际成果。等到了 1942 年最后几个月，航空部才发觉自己的短视，发布了一个新招标，内容是要求制造一种新型高速轰炸机。

在严格规范发布给航空工业之前，有很多细节需要确定。1942 年 11 月，容克斯的海因里希·赫特尔（Heinrich Hertel）教授拜访了艾哈德·米尔希（Erhard Milch）元帅，以确定未来高速轰炸机的关键要素。这个构思最开始要求飞机能携带 1000 公斤炸弹，达到 760 公里/小时的高速。12 月又开了一个会，降低指标到 500 公斤炸弹，速度为 750 公里/小时，航程 2000 公里。

第一次会议并未邀请道尼尔，道尼尔得知后，向航空部抱怨，说这只是因为开战时他的一个儿子在美国。无论中途发生了什么，最后，航空部把这个招标发布给 5 家公司：阿拉道（Arado Flugzeugwerke）、亨克尔（Heinkel Flugzeugwerke）、容克斯（Junkers Flugzeug- und Motorenwerke AG）、梅塞施密特（Messerschmitt AG）、道尼尔。然后这些公司受到邀请，参加预定在 1943 年 1 月 11 日举行的会议。道尼尔准备提交的就是 P. 231 方案，它基于 P. 59 方案，也有说是基于 P.59.04 方案。P.59.04 是 P.59 原方案的改型，据称发动机改成了 DB 605，总之没有本质区别。无论出于哪个子方案，它是 P.231 计划的基础，而 P.231 就是 Do 335 的前身。

除了上面这种，据称 P.231 还有一种完全不同的草案，有两个机身，在中央翼段和尾翼上连接。这个草案和 Bf 109Z 构型一致，道尼尔认为此构型比推拉布局慢 80 公里/小时，很快便将其放弃。

上交的 P.231 决定方案包括三种不同的版本，所有版本都是悬臂式下单翼设计，加上十字形尾翼、前后排布的发动机、前三点起落架。P.231/1 方案安装 2 台 DB 603A 或 E 型发动机，翼展 15 米，长度 12.9 米，翼面积 35 平方米。P.231/2 方案安装 2 台 DB 603G 发动机，机身略

微增加到 13.25 米，机翼进行了修改，采用了较小的展弦比，翼展只有 13.2 米，但翼面积不变。P.231/3 方案是混合动力，同时使用活塞和喷气发动机。P.231/3 方案后来成了 P.232/2 方案的基础，安装 DB 603 和 Jumo 004 发动机。

最终在 1 月 19 日开会的那天，道尼尔亲自前往柏林推销他的推拉布局方案。在这次会议中，道尼尔最后陈述设计方案，他的部分发言记录如下："我们开始这个项目的时间比较晚，但可以利用早期工作的成果。我们从这里得出结论，机翼安装发动机的常规轰炸机构型已经过时了。我们的解决方案是串列发动机布局：一台发动机和拉进式螺旋桨，像战斗机一样常规安装，还有一台发动机在飞行员身后，通过延长传动轴，驱动在机尾的螺旋桨。初步工作已经在 5 年前完成。我们向航空部提出过这样

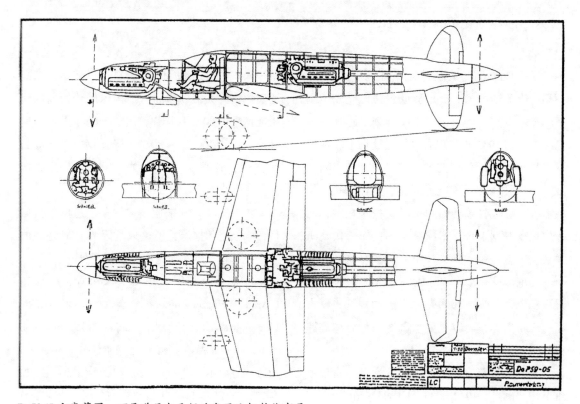

P.59/5 方案草图，可见道尼尔已经确定了飞机整体布局。

的一个项目，当时还很不成熟。但我们私下继续工作，并制造了一架模型飞机，是一种缩小的 Do 17，带有推进式螺旋桨，我们还以这架飞机进行了测试。结果是在所有方面都确证了风洞测试结果。尾翼面没有受到影响。"

这次道尼尔成功了，他在 27 日得到航空部的 10 架原型机合同。道尼尔的脑海里可能是飞机组成的无敌舰队从他的工厂源源不断走下生产线，不过现在首先决定制造合同规定的原型机。有时候这类计划的详细信息能流传到今天，但不幸的是，P. 231 方案资料留存不多。

道尼尔的竞争者也留下了一些资料，虽然阿拉道、亨克尔、容克斯、梅塞施密特都已经失败，不过他们的计划值得一看。或者换个角度说，这些值得了解的部分，就是他们的失败原因。

阿拉道的方案是 E 561，外观上看起来很像 Bf 110，但动力系统比较有趣。阿拉道在 1937 年至 1938 年开始发展这种重型战斗机概念的飞机。设计方案是悬臂式下单翼，接近梯形的机翼，双垂尾。飞机机身比较宽，可以在前半部分容纳 3 名乘员。飞行员和无线电员并排坐在前面，后面是机枪手，还有 1 名机枪手趴在机身后下方。预定的武器是 4 挺 MG 81Z 自卫机枪，机头下方有 4 门口径不确定的航炮。起落架是正常的后三点式，主起落架只有一个轮胎。

机身无疑是常规设计，不寻常的是发动机设计。虽然螺旋桨仍安装在机翼上，但没有使用传统的发动机舱，发动机安装在机翼根部，通过传

动轴将动力传递到螺旋桨上。螺旋桨后方的"发动机舱"内部安装的是传动系统和环形散热器。这套系统被称为"远程传动系统"，包括一个单向离合器。"远程传动系统"的设计方案似曾相识，在道尼尔 Rs. I 型飞机上也出现过类似的东西。但阿拉道的方案要更进一步，其设计要点是在一台发动机无法使用的情况下，仍然能向两侧螺旋桨传递动力。这是个有趣的思路，但在竞标失败之后没有进一步发展，仅停留在计划层面。

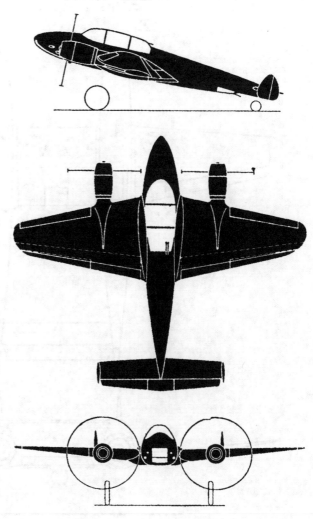

阿拉道 E 561 方案的草图。

从左至右分别为 EF135、EF130、EF115 设计案。

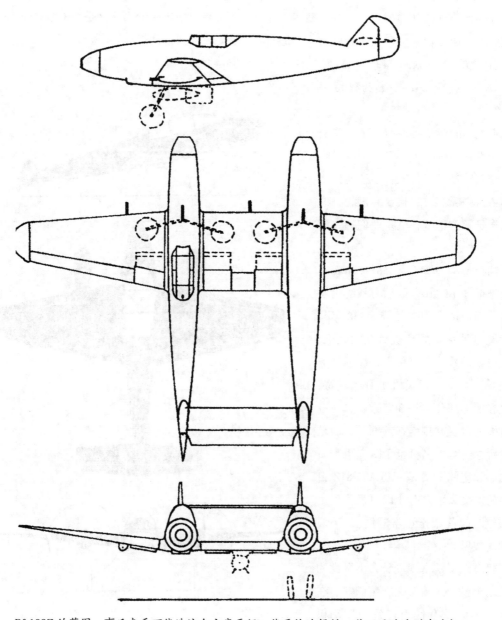

Bf 109Z 的草图，事后来看可能选这个方案更好，能更快地提供一种可用的重型战斗机。

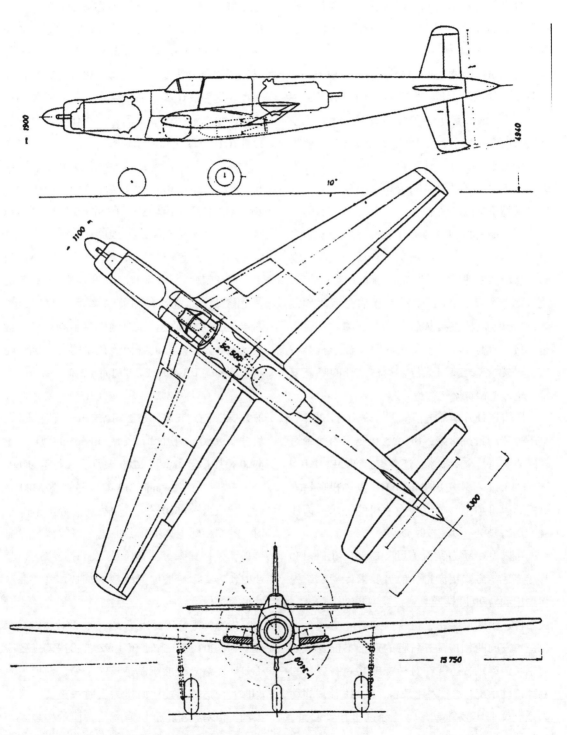

梅塞施密特"针对方案"的草图，布局和道尼尔方案一模一样。

亨克尔的计划是 P.1063，这个计划几乎没有任何资料留存，只知道是一种中单翼飞机，在1942年设计。

容克斯提交的是 EF 115.0 设计。EF 115.0 的气动布局也很常规，发动机布局类似于道尼尔设计，安装 2 台 Jumo 211 发动机，一台位于飞行员前方，另一台位于飞行员后方。与道尼尔不同的是，后方发动机也向前传动，两台发动机不耦合，通过复杂的传动系统分别驱动共轴对转螺旋桨的一副桨叶。

同时提出的 EF 130.0 和 EF 135.0 方案也是道尼尔的竞争者。它们都是混合动力飞机，安装一台活塞发动机，再加 Jumo 004 喷气发动机。飞机本身类似于 EF 115.0，但前者是双尾撑设计，喷气发动机直接从后机身向后喷气；后者是常规单机身，喷气发动机的喷口位于机身后方，尾翼抬高给喷口让位。两种设计的喷气发动机进气道都位于飞行员后方。

所有三种方案都被拒绝了，理由各不相同。且不论传动系统本身，EF 115.0 使用的共轴对转螺旋桨也是个新技术，还没有验证。EF 130.0 和 EF 135.0 都要使用 Jumo 004，发动机项目本身的延迟再加上纯喷气动力飞机的需求，都让混合动力飞机不可能按时交付。

可以说在动力系统方面，E 561 和 EF 130 都比道尼尔方案更激进。前者要求传动系统先将输出动力 90 度转向，到机翼内再 90 度转向，最后传递到螺旋桨上，机身内还有一个离合器保证单发向两侧传动。后者的设计不仅要求要有延长传动轴，还要在对转螺旋桨处有复杂的双套传动系统。这样对比来看，P.231 计划的动力系统反而比较简单，而且经过了初步验证，风险值比梅塞施密特的方案高。

梅塞施密特的方案是真正的竞争者，即小有名气的 Bf 109Z 型。

Bf 109Z 有两种方案，应对高速轰炸机竞标的 Z-2 型，以及重型战斗机 Z-1 型。Bf 109Z 由两架普通 Bf 109G 拼接而成，就基础设计来讲，它需要的新组件很少，主要是中央连接翼段和平尾。这种设计非常易于生产，而且不像其他方案，根本不存在传动问题，双体飞机概念也已经在 He 111 上得到了检验。

Z-1 型可用的武器包括：机翼内 3 门 MK 108 航炮、2 门 MK 108 轴炮、中央翼段的 MK 108 航炮位置可更换 MK 103 航炮吊舱、挂载 1 枚 500 公斤炸弹或者 2 枚 250 公斤炸弹。

Z-2 型在大量利用已有组件的基础上，更换了一些新组件。飞机内油增加，左右机翼都会进行修改，加宽副翼和前缘缝翼，机轮加大，起落架舱也重新设计。两侧机身下都有可挂载最大 500 公斤炸弹的挂点。预定的发动机有两种：原配的 DB 605 或新的 Jumo 213。

在计划上，Z-2 型翼展为 13.27 米，长度 8.92 米，固定武器都是 2 门 MK 108 航炮，最大可挂载 2000 公斤炸弹。使用 DB 605 的型号空重 4900 公斤，起飞重量 6200 公斤，飞行速度 690 公里/小时。使用 Jumo 213 的型号空重 5300 公斤，起飞重量 6600 公斤，飞行速度 750 公里/小时。计划指标还算不错，但这个拼接飞机没有弹舱，外挂炸弹最大会降低飞行速度 75 公里/小时，它实际上是重型战斗机加挂炸弹，而非高速轰炸机。

梅塞施密特还提出了 Me 609 设计，就是双体的 Me 309 型。当时 Bf 109Z 被否决的主要原因是缺乏额外产能来制造这个型号，而道尼尔却保有合适的产能。但作为当时最重要的飞机公司，梅塞施密特远没有死心，而后构思了一个布局与道尼尔很类似的"针对计划"。这个"针对计划"布局与道尼尔设计基本相同，预定装备两台 DB 605 或 DB 603 发动机，一台拉进，一台推进。"针对计划"的翼展为 15.75 米，机长 13.53 米，空重 6620 公斤，起飞重量 9040 公斤。设计指标很可观，DB 605 型可以达到 757 公里/小时，DB 603 型可以超过 800 公里/小时。不过这也就仅限于设计指标，"针对计划"只存在于绘图板上。

在 1943 年 1 月的决定会议上，航空部已经选择道尼尔，梅塞施密特的计划只能成为浮云，虽然此后 Bf 109Z 方案还在公司层面上继续发展了一段时间。航空部在当年 7 月又提出了一个涡喷发动机轰炸机计划，把相关计划排到了 1949 年。在几个轰炸机联队服役过、此时担任航空开发主管的乔治·帕斯瓦尔特（Georg Pasewaldt）教授与米尔希元帅都参加了 7 月 19 日的会议，议题是关于直到 1949 年的高速轰炸机计划。他们两人的发言记录如下：

> 帕斯瓦尔特："我们现在处于紧急情况中，关于在要求速度下的航程问题，在中型轰炸机上，我们已经走到了技术的终点。"
> 米尔希："只是在螺旋桨驱动的飞机。我相信涡轮喷气发动机是一个新的，更好的时代的开端。"
> 帕斯瓦尔特："但我们才开始，航程就令人失望了。"
> 米尔希："是的，到现在为止，喷气发动机还没有跨过测试阶段。我们在战斗机方面已经勇敢地向前了，因为在这个领域必须做点什么。此外我们有各种其他的战斗机，能忍受可能的挫折。我们想要在轰炸机这一边进行同样的冒险，但时间表会更晚。飞机采购和供应主管不想交付任何质量不足的物资，他决意提供最好的东西。不过，我们必须清楚能够做到什么，不能够做到什么。所以我确信在这个等级里要引入 Ju 188，即使在 1945 年和 1946 年。我们不

会给更多的飞机资源，因为它们太少了。也不会给更快的飞机，虽然我们急需，但它们缺乏航程和载荷。我先不管导航的领域，在这个方面上可能有很多困难。我的看法还有，我们在接下来 3 年里需要最好的中型轰炸机。不会有什么改进，直到道尼尔的前后对转螺旋桨飞机到来。速度会有所增加，虽然可能没有他承诺的那么多，就算少点我们也会满意的。我认为，在这个方面的下一次进步只可能通过喷气发动机实现，即使第一架道尼尔飞机在 1945 年末真正进入前线服役，我还是会说：可能我们在 1948 年末会有一架未来的喷气轰炸机，或者甚至在这年的早些时候。我不能把话说死，但我也不认为能在更早的时间开始生产。我正在构思一种航程 2300 公里、2400 公里的飞机，带 1 枚 1000 公斤炸弹，或者等重量的小炸弹。显然我们会尽快开始完整的计划，但即使我们省下半年时间，仍要等到 1946 年至 1947 年。我认为我们在这方面不应该有任何幻想。"

这些记录表明到了当前阶段，航空部和空军已经认为战争前景不明朗，而且可能持续到 40 年代末。这导致了 P.231 又有新的竞争对手——喷气飞机。

此时 P.231 逐渐演化为 Do 335，很遗憾其中的具体过程现在已经无法查清，可以确定经历了两个设计阶段——Do 335 000-112 和 Do 335 000-1034，总之它终于到了离开绘图板的时候。变动之一是前发动机改成了"动力蛋"形式，这是德国空军正在推广的活塞动力系统构型，将液冷发动机和散热器安装在一起，已经用于多种飞机。

飞机组件开始分开测试，首先展开风洞测试，将设计模型吊在风洞里，然后扔下去。通过拍摄的影片确定飞机的气动特性。另外的测

试中，工程师用压缩空气将飞机模型对着跑道射出，研究起落架接地时的状态。还有将模型射入康斯坦茨湖，看着它如何滑过水面，最终停下。

1943 年 4 月 13 日，整机模型完成。这年春季，模型测试进行时，曼泽尔附近的一个兵营里，Do 335V1 号原型机的机身开始制造，机翼则在拉芬斯堡（Ravensburg）西南方的工厂里制造。在 8 月 27 日，后发动机进行了单独测试。两个组件都完工之后，由船运到门根（Mengen），最终组装成 V1 号原型机。整个过程中有很多始料未及的阻碍，首先是航空部缺乏兴趣，然后连续更改生产计划的优先度，降低了高速轰炸机的等级，有几百页会议记录反映了这种情况。

对着跑道准备弹射的 Do 335 模型。

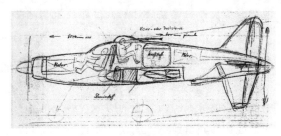

Do 335 的早期草图，绘制于 1943 年 3 月 12 日，注意此时飞机上有第二名机组，还有后射机枪。

模型弹射后落到跑道上的照片，这一系列测试的结果表明前三点起落架没有问题。

早期测试用的飞机模型。

Me 262A-2a 战斗轰炸机，它和 Do 335 之间的功能重叠究竟有多大，也许没那么容易确定。

Ar 234 喷气轰炸机，这个型号在功能上重叠得更多。

米尔希元帅，在组织和管理上很有能力，但没人拗得过元首。

帕斯瓦尔特作为航空部开发主管，对 Do 335 计划持怀疑态度，米尔希元帅却是非常规布局飞机的坚定拥护者。帕斯瓦尔特拖延道尼尔的合同之后，道尼尔直接找到米尔希，在 9 月 21 日得到了另外 10 架原型机，即 V11 到 V20 号的订单。

戴维·欧文在他的《德国空军的悲剧(Tragdey of the Luftwaffe)》一书中有略为不同的说法，他说米尔希在 1943 年 1 月下了 20 架飞机(V1 到 V20 号原型机)订单。

此外，米尔希还很喜欢 Me 262，正好希特勒要求 Me 262 大批量作为高速轰炸机使用。1943 年 6 月，希特勒亲自下令 Do 335 和 Me 262 都要在高速轰炸机计划里保持高优先级。然而到了 9 月，他又指示说只有 Me 262 享有最高优先级，Do 335 留作预备，以防喷气飞

机在技术上遭到失败。结果预定在 1945 年 2 月开始大规模生产的 Do 335 计划被推后了。

同样的事情发生在 Ar 234 上，9 月 7 日，梅塞施密特与希特勒谈过话，确认 Me 262 可以挂载炸弹。与一般认识不同的是，与希特勒谈话之前，Me 262 挂载炸弹方案本来就在梅塞施密特的设计图上。梅塞施密特早在 1943 年 3 月 25 日的技术指标上就描绘了几种轰炸型号，挂载 1 枚 1000 公斤或 2 枚 500 公斤炸弹。还有扩大机

上层人士还在争论时，道尼尔在一架 Do 17Z 上测试了可旋转的前起落架，为了让前轮着地，机舱前方塞满了沙袋。

身的型号，以便安装弹舱。

领导层一轮胡乱操作之后，Me 262 突然变成 Do 335 的真正竞争者。关于这个问题，希特勒的空军副官尼古拉斯·冯·贝洛（Nicolaus von Below）提供了更多的信息："越来越多德国人无助地成了英国轰炸目标。9 月 7 日，希特勒召唤梅塞施密特，问他喷气飞机的开发进度。让人惊奇的是，他问这种飞机能不能作为轰炸机，梅塞施密特给出了肯定的回答。他补充说米尔希元帅给他造成很多麻烦，还没有提供足够劳动力。这就是米尔希和梅塞施密特之间的冲突发酵几年的结果。我向希特勒解释，告诉他梅塞施密特总是要求得太多，但却没能达成与他要求对应的一般成果。他喜欢发表一些独立成果，这样给人一种已经准备好生产了的印象。我询问希特勒，要与米尔希再次讨论这件事。"

在希特勒到因斯特堡（Insterburg）视察，并且观看 Me 262 V6 原型机展示之后，贝洛继续谈道："这里聚集了所有负责飞机生产的人：戈林、米尔希、斯佩尔、梅塞施密特、加兰德（Adolf Galland，即阿道夫·加兰德）、沃尔瓦尔德（Wolfgang Vorwald，航空部技术办公室主任，空军少将）等等。我的看法是，德国空军再次误入歧途，呈现的几乎全部武器和装备都还没有发展到可服役的状态。希特勒很安静地检阅了一长排飞机，其中包括最新的 Me 109 和 Me 410，还有 Ar 234、Do 335 和 Me 262。米尔希陪同着他，回答了所有问题。希特勒第一次见 Me 262，被它的外观打动了。他把梅塞施密特叫过来，问他这架飞机能不能作为轰炸机生产。梅塞施密特肯定地回答，说飞机可以挂载 2 枚 250 公斤炸弹。希特勒回复说：'这就是高速轰炸机。'要求 Me 262 按照这个标准装备。米尔希试图劝说希特勒，只让部分 Me 262 作为轰炸机生产，但希特勒坚持己见。几天后，戈林试图重新讨论这个问题，也被严词拒绝。

在返回'狼穴'的路上，我有了机会与他再度讨论这个问题，尝试救回 Me 262，作为一种战斗机。他原则上同意，承认他需想要更多战斗机保卫帝国，但他用迫切的政治问题论证了他的要求。

在他的观点里，近期最大的威胁是盟军在法国登陆。我们必须尽一切可能阻止这场登陆战。"

显然，希特勒认为 Me 262 就是阻止盟军登陆"欧洲要塞"的关键武器。这件事发生在 1943 年 11 月，Do 335 V1 原型机首飞后一个月。但尽管希特勒这样决定了，Me 262 轰炸机方案发展仍被放在一边。到了 1944 年 5 月，希特勒问起这件事的情况，了解到没有任何一架 Me 262 轰炸机可用。他在贝希特斯加登附近的鹰巢匆匆召开一次会议，梅塞施密特和加兰德都列席会议。他们集中讨论了 Me 262 的问题，结果是 Me 262 被划分给轰炸机兵种总监马里安菲尔德（Walter Marienfeld）上校。这个决定可能额外拯救了一些盟军轰炸机机组的生命，作为战斗机，Me 262 显然会增加轰炸机损失。不过这一系列决定对 Me 262 的影响不算大，它还是主要作为战斗机投入使用，而且即使发展得更顺利，这个"奇迹武器"无论如何也无力改变战争形势。

现实地看，后来 Me 262 投入实战时，德国的基础设施已经不再完整。训练良好的飞行员、稳定的燃料供应、完善的基地支援，这些 Me 262 成功必需的条件都不具备。喷气式发动机本身也不够可靠，此外还需要活塞战斗机保护 Me 262 起降。这些因素加到一起，让围绕 Me 262 的作战系统远比活塞飞机复杂，也更容易出毛病。最后，盟军的空中优势加重了所有环节的问题，让 Me 262 无法有效作战。

围绕着喷气飞机发生的这一系列事件，毫

无疑问影响了 Do 335 的开发进展，让它半途变成了低优先度的备用方案。当然，假使 Do 335 按照原计划生产出来，它也没有改变战局的可能性。即使 Do 335 原定计划的生产时间都太晚了，而且仅就活塞飞机这一部分来说，德国空军早已踏入失败陷阱。

参加过 Do 335 计划的施利布纳（Schliebner）这样写道："Do 335 不像其他飞机，它是一架特别的飞机。它被 Me 262 和 Ar 234 换了下去。阿拉道和梅塞施密特只有很小的数量，不过，很大程度是因为我们的领导没有正确决定谁应该拿它们做什么。必须注意，在任何空军里，发展、生产、测试飞机的，和用它们作战的人不是同一类。在这方面，加兰德将军很明白，但战况妨碍了所有人。Do 335 不是任何飞行员都能爬进去驾驶的飞机，Do 335 需要有经验的飞行员，要小心谨慎，加上足够操作技术。这就是为什么只有部队里有经验的军官才能驾驶。这种飞机太珍贵，不能冒险。我的指挥官下令禁止空战。如果遭遇敌机，飞行员应当高速逃跑。"

施瑞威斯说到了同一个话题："弹舱门展示着它曾经作为高速轰炸机设计。每个人想要的'蜜蜂'（指侦察、战斗、夜间战斗）就是另一回事了。需要它当战斗机只是因为希特勒不会给他们 Me 262。对于多功能的需求意味着我们绝不会拿到高速轰炸机职能的飞机。结果就是应对不同职能的大量改动，它没能大量制造。这也是我辞职时的理由。"

施瑞威斯少校是 335 测试特遣队的指挥官，这位关键的人物自己都不相信 Do 335 是解决方案，无疑也在阻碍这种飞机的发展。施瑞威斯认为喷气飞机才是未来的方向，这一点上他没有错，但他对德国喷气飞机的生产和实用状况过于乐观。

第四节　原型机测试

在原型机能够展示性能之前，前文中的各种事件就影响着整个计划。到 1943 年 10 月 26 日，Do 335 项目有了阶段性成果——首飞，道尼尔的珍品终于可以展示它的本性。试飞员是汉斯·迪特勒（Hans Dieterle），非常合适的人选。他生于 1915 年 6 月 29 日，1937 年作为试飞员加入亨克尔公司，先后创下多项纪录。首先是在 1937 年 11 月 22 日驾驶 He 119V4 号原型机打破了 1000 公里闭合航线速度纪录，不过在第二次飞行时飞机坠毁，他的副驾驶受伤。1938 年 1 月 22 日，He 100 首飞，由迪特勒驾驶。一年后，他用 He 100 V8 号原型机创下世界速度纪录，达到了 746.6 公里/小时，不过这个纪录只保持了一个月就被 Me 209 打破。1941 年 9 月 1 日，迪特勒离开亨克尔，成了道尼尔的首席试飞员。

现在他坐在 Do 335 的操纵杆后，准备起飞。Do 335 首飞的地点是门根，迪特勒在升空后几分钟，对于飞机的性能潜力已经有了点想法。

道尼尔的员工正在将 V1 号原型机的机身从工厂里移出来，为此必须先拆掉部分组件。

运输中的 V1 号原型机机身。

组装完成后准备首飞的原型机，此时正在检查前发动机。

停放在地面的 V1 号，注意该机的主起落架舱门。

汉斯·迪特勒。

迪特勒返回机场降落，在这天撰写完成测试报告，报告大体上是积极的，部分内容如下："在这架飞机中，我感觉很自在，这是一个标志，意味着没有不愉快的特性或怪癖出现。不同寻常的动力系统设计也没有负面特性——到目前为止。实际上，在单发飞行时，它比常规双发飞机优越得多。到目前为止，后方螺旋桨对控制面没有任何负面影响。起降很简单，部分因为特殊的起落架布局。

没有明显的配平变化。操纵性总体很好，不过副翼可能需要一些改进，因为杆力很重。航向稳定性很弱，但纵向稳定性很好。"

迪特勒的试飞时间不长，因为飞机出了毛病，主起落架无法锁定在收起位置。后来查明原因是起落架舱门收放系统故障，导致舱门变形，于是舱门被暂时拆除。29 日和 30 日，迪特勒再次进行试飞，尽管有一些抱怨，例如再度出现的起落架故障，新的试飞报告依然认为

飞行中的 V1 号原型机。

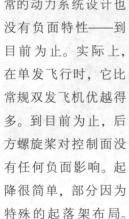

Do 335 很成功。显然 Do 335 和所有新型号一样，在发展初期有很多问题需要解决，但让人意想不到的是已经出现的起落架问题很快就转化为顽疾。

11 月 2 日，另外两名道尼尔试飞员，赫尔曼·昆茨勒和沃纳·阿尔特罗格(Werner Altrogge)测试了 Do 335。阿尔特罗格生于 1913 年 12 月 3 日，1937 年 7 月 15 日进入雷希林测试中心，试飞过多种型号的飞机，包括 Fw 61、Fw 189 等。他在 1942 年 7 月 26 日执行了 Ju 86R 高空侦察机的首次作战飞行，目标是俄国中部地区，而后又驾驶 Ju 86R 侦察英国。这年晚些时候，阿尔特罗格还测试了多种直升机，包括 Fl 265、Fl 282、Fa 223、Fa 330，最后在 1943 年 3 月 22 日转入道尼尔公司。这一连串记录足以表明阿尔特罗格是经验非常丰富的飞行员。

从首飞到 12 月的这个时间段里，V1 号原型机进行了一连串试飞，测试了多个项目，其中 11 月 15 日进行第一次单发飞行测试。道尼尔的推算表明，单发飞行的状态下，只使用后发动机飞行速度会比较快，最大可达到 560 公里/小时。如果只使用前发动机，前螺旋桨产生的湍流流经机身会造成额外的阻力，减少飞机速度。

12 月 23 日，Do 335 的型号协调员福格特在 V1 号原型机上飞行了 5 分钟，接下来就是 1944 年 1 月初的一系列飞机稳定性测试。

1943 年 11 月，V1 号原型机进行发动机测试的一组照片。螺旋桨毂已经被拆掉，发动机罩的一块蒙皮也拆了下来。后发过热的问题很早就暴露出来，此后一直没有解决。

另一次地面双发测试，这次没有拆掉蒙皮。

Do 335 的另一个长期问题是起落架，这张照片展示了正在进行起落架测试的 V1 号原型机。飞机安装在支架上，让起落架可以直接收放。

起落架收放测试中的照片。

试飞报告编号	日期	试飞员	测试项目
6/335	10 月 26 日	迪特勒	首飞
7/335	11 月 2 日	阿尔特罗格	飞行测试
8/335	11 月 2 日	昆茨勒	无限制全面飞行特性检查
9/335	11 月 3 日	迪特勒	一般飞行测试，包括评估纵向稳定性
10/335	11 月 5 日	阿尔特罗格	爬升和平飞测试，达成每小时 600 公里，速度检测，评估刹车距离
15/335	11 月 12 日	昆茨勒	无限制飞行测试
11/335	11 月 14 日	迪特勒	特别摄影飞行
12/335	11 月 15 日	迪特勒	俯冲测试
13/335	11 月 15 日	阿尔特罗格	熟悉飞行，方向舵测试，单发飞行测试
16/335	11 月 16 日	昆茨勒	一般熟悉飞行，全速测试，机动性检查
14/335	11 月 17 日	迪特勒	一般熟悉飞行

续表

试飞报告编号	日期	试飞员	测试项目
17/335	11 月 17 日	阿尔特罗格	一般熟悉飞行，爬升和最大高度平飞测试
18/335	11 月 17 日	昆茨勒	操纵性检查
19/335	11 月 24 日	阿尔特罗格	一般飞行测试，纵向稳定性和起落架测试
20/335	11 月 27 日	迪特勒	飞行测试，评价方向舵特性
21/335	11 月 28 日	阿尔特罗格	飞行测试，纵向稳定性，发动机测试
22/335	11 月 28 日	迪特勒	一般飞行测试
23/335	12 月 3 日	迪特勒	一般飞行测试
24/335	12 月 3 日	阿尔特罗格	一般飞行测试
25/335	12 月 9 日	阿尔特罗格	熟悉飞行，前起落架舱门动作测试，副翼和配平片测试，起落架和襟翼压力测试
26/335	12 月 12 日	迪特勒	副翼操纵力评估
27/335	12 月 18 日	阿尔特罗格	一般飞行测试，副翼操纵力，方向舵评估
28/335	12 月 18 日	迪特勒	一般飞行测试，确定方向舵运作，评估安装弗莱特纳配平片后升降舵的动作
29/335	12 月 19 日	昆茨勒	1. 测试安装了尖前缘后机翼的特性，气流状态摄影 2. 副翼控制测试，检查所有机翼内滚珠轴承运作 3. 副翼稳定性测试
30/335	12 月 20 日	阿尔特罗格	与一架 Do 217 模拟空战

　　试飞整体是成功的，作为支持者，米尔希很受鼓舞。他给帝国总理府写了一封信，表示他对飞机的正面印象。此前米尔希只有理论计算的数据可用，现在有了正面证据表明 Do 335 是杰出的飞机。另外，飞机 1000 公斤的载弹量两倍于 Me 262，海平面速度达到令人印象深刻的 640 公里/小时（仍是估算值）。

　　1943 年 11 月 11 日，Do 335 计划以高速轰炸机、重型战斗机、夜间战斗机、侦察机这几个主要型号进行生产。于是项目终于又向前推进，重型战斗机版本的设计也开始了，这需要较大规模改动。加兰德预计给重型战斗机版本配备 2 门 MK 103 航炮，从此开始，Do 335 开始逐渐倾向以重型战斗机为主，其他型号为辅。向这个方面发展是理所当然的结果，首先是德国空军有将性能较好的轰炸机改成重型战斗机使用的习惯，其次高速轰炸机计划招标时对飞机性能要求很高，使得这个项目的所有飞机设计案都更有改装成重型战斗机的潜力。甚至梅塞施密特投标的 Bf 109Z 本就是拼接型重型战斗机，挂载上炸弹来充当高速轰炸机。

　　同日，米尔希写信给副官尼古拉斯·冯·贝洛，他在信中形容 Do 335："未来的一种活塞发动机高速轰炸机、战斗机。"一个月后的 12 月 17 日，他又写道："在速度和高度上，它应该比 P-38'闪电'更有优势，而且没有动力系统不可靠的影响。"

1943 年 12 月，道尼尔获得 120 架预生产 A-0 型的合同，无论后继型号会是什么功能，第一批飞机已经确定了。

按照米尔希的调研，在 1944 年 1 月 10 日，生产优先度改变，按顺序为：侦察、重战、轰炸、夜战。14 日召开了一个航空主管会议，此时原型机已经飞了 60 小时。迪特里希·佩尔茨（Dietrich Peltz）少将、乌尔里希·迪辛（Ulrich Diesing，一名 15 架战绩的王牌，也是航空设备技术部的主管）上校、埃德加·彼得森（Edgar Petersen，雷希林测试中心指挥官）上校都试驾了原型机，他们提出的报告大致内容是："飞机操纵性相当不错，稳定性令人满意，或者经过小幅度修改就行。"报告还赞扬了新的散热器："梅塞施密特设计的原始前发动机布局导致过热，而道尼尔的标准设计运作令人满意。梅塞施密特设计完全毁了空气流动，让它们没地方排出。用道尼尔发动机设计，Do 335 很可能再快 10 公里/小时。"

1 月 20 日，航空部订购 V21 到 V25 号原型机，它们预计将作为夜间战斗型的原型。而后航空部又订了 10 架 A-0 预生产型，再加 11 架 A-1 生产型，合同还包括 3 架双座教练机。

随着德国上空战况的变化，德国空军明显遇到了麻烦，于是 Do 335 子型号的优先度顺序再度改变，变成重型战斗机第一。

几个月后，在 1944 年 5 月 23 日，帝国元帅戈林在贝希特斯加登的元首餐厅召开了一次会议，讨论接下来的飞机采购计划。除了戈林和米尔希，还有其他相关的高层军官参加会议，包括沃尔夫拉姆·冯·里希特霍芬（Wolfram von Richthofen）、阿道夫·加兰德、乌尔里希·迪辛、埃德加·彼得森、西格弗里德·克内迈尔（Sigfried Knemeyer，帝国航空部技术局的研发处

主管）。

戈林发表了他的看法，其中有提到 Do 335："现在我们有 Me 410 可以用。我不会讨论这种飞机，而是新型号。在这些飞机里面，我认为只有一种能成为未来的高速轰炸机，可以有效执行轰炸任务的是 Ju 88 和 Do 335，它们只不过是战斗轰炸机，Ar 234 和 Me 262 只是辅助性的战斗轰炸机。由于它们完全依赖于速度，只有很小载弹量，同时航程最多只能在不列颠上空作战。有鉴于此，我们应该满足于这种飞机，即新的喷气轰炸机 Ju 287，再次让我们能够携带 2 吨、3 吨炸弹作战，这意味着我们再次得到有效的轰炸机。

……所有这些角色现在都能由一种型号满足，比如 Ju 388 或者 Do 335。现在我不想处理喷气动力的问题，因为它或多或少是未来的东西，会给我们带来全新的因素。等我们有了完美的喷气发动机，我们会看到这种推进方式能在什么程度上从战斗机和战斗轰炸机转移到轰炸机，能有什么进一步发展。"

接下来的讨论中，戈林问到 Do 335 重型战斗机的速度。西格弗里德·克内迈尔回答："这种飞机的重型战斗机版本能达到 745 公里/小时，慢了大概 15 公里/小时。"

迪辛："轰炸机型要快 15 公里/小时。"

戈林："重型战斗机的武器是什么?"

克内迈尔："3 门 MK 103 和 2 门 MG 151。"

戈林："轰炸机呢?"

克内迈尔："1 门 MK 103 和 2 门 MG 151。"

戈林："这些全是向前的? 它是单座飞机?"

克内迈尔："是的，这种情况下，在弹舱内带炸弹。"

戈林："航程好吗?"

克内迈尔："是的，穿透距离在 500 至 600 公里之间。"

弗莱迪:"1700 公里航程,它能飞到伯明翰。"

6 月 9 日,诺曼底登陆 3 天后,航空部开了一个会,讨论一些更现实的话题。关于 Do 335 的内容如下:

克内迈尔:"我们知道,你在说 Me 262,不是 Do 335。这个项目需要 300 架飞机。我想通知你以下事项,V1 号原型机,安装了专用装备,正在飞行。它从德国南部以可用的 580 公里/小时最大巡航速度飞到了雷希林。我们现在有最快的战斗机。我们也有一种航程超过任何敌军型号的战斗机。我们允许生产 2000 架单发战斗机,但这种型号只有 300 架,这不成比例。更大规模地生产 Do 335 还有另外的优势,产能不足不会造成影响,因为这种飞机有两种用途。还要提到的是已经花了很多精力,准备将 Do 335 换成木制机翼,这也会解放一些产能。"

沃尔瓦尔德:"如果我们减少 He 177 的数量,从现在定的 120 或 130,到 100 架,应该可以生产出 2 倍或者 3 倍数量的 Do 335。"

克内迈尔:"是的。而且战斗机兵种总监现在要决定是否有一定比例的战斗机生产不转换为 Do 335,因为它是较优越的战斗机。我们要重新审视它与喷气战斗机的航程对比。在高空,喷气战斗机航程更远。但低空航程只有 Do 335 能达到指标。"

这些讨论情况表明 Do 335 正在转向战斗机型号,但此时原型机仍是标准高速轰炸型。回到原型机试飞上,很快一系列工厂测试项目接踵而至,分为六个不同的系列测试。测试目标是检查非常规布局的强度和弱点。现在的问题是缺乏后继测试资料留存,V1 号原型机的测试情况只有大致内容。

当前原型机不能在整个速度包线范围内进行测试。原因之一是飞机冷却系统有缺陷,让原型机经常只能在散热器全开的情况下飞行,这会降低大致 20 公里/小时的速度。由于各种改装作业,飞机的蒙皮也有很多损伤,额外增加了阻力,降低了飞行速度。不过飞机经常在安装了副翼封条和翼根整流罩的情况下试飞,而且没有武器,这两点又有助于提高性能。此外,原型机没有达到计划中的临界高度,这是由于发动机进气道尺寸错误。这些都还算小问题,都可在相对较短的时间内解决。总的来说,测试证明了道尼尔有能力给空军提供杰出的飞机。工厂测试完成后,V1 号原型机转场到雷希林测试中心。

1944 年 9 月,原型机测试继续进行,这段时期使用过的发动机有 DB 603A、DB 603AS、DB 603E 几个型号,但什么时候使用哪种发动机的详细情况不明。在使用 DB 603A 发动机的高速测试里,Do 335 在比较低的高度(3 公里)上达到了 650 公里/小时速度,比开始预定的要低。1 公里高度的速度约 600 公里/小时,这意味着海平面速度只有 580 公里/小时左右。

由于 DB 603A 型发动机高空性能不佳,安装这个型号时,飞机临界高度在 6800 米左右,V1 号只能在这个高度上达到 720 公里/小时左右的速度。高空性能更好的 DB 603E 或 DB 603AS 型可将临界高度提升到 7.2 至 7.5 公里,最大速度也会有所增加。

其他测试结果表明,以这种尺寸的飞机来说,Do 335 的机动性很好。飞过原型机的空军和技术局飞行员都得出了相同结论。

在雷希林测试中心的时期,V1 号原型机仍然不能达到最佳状态,还是因为之前的蒙皮问题,再加上机翼前缘填塞接缝用腻子有所损失,飞机的光洁程度不足。这次在问题解决之前,1944 年

11 月 20 日，V1 号的测试被一场事故终止了。

事故原因是一根液压管线故障，导致液压油压力不足，飞行员无法放下前起落架。在只使用主起落架的迫降过程中，V1 号原型机受损。没有任何现在留存的资料确认该机得到修复，很可能因为前机身和发动机损伤过重，只得放弃维修。

V1 号原型机有两个重要的外观特征：前发动机下方有一个滑油散热器用的进气道，主起落架与大尺寸圆形起落架舱盖连接在一起。V1 号（以及 V2、V3 号）原型机没有武器，虽然设计方案是 2 门 MG 151 航炮。另外的区别是涂装，与之后的原型机不同，V1 号没有碎片迷彩，全机上表面为 RLM 71 号暗绿色，下表面为 RLM 65 号浅蓝色。螺旋桨和 CP+UA 机身号均为黑色。

Do 335 V1 原型机指标	
翼展	13.8 米
长度	13.85 米
高度	5 米
翼面积	38.5 平方米
空重	7105 公斤
起飞重量	8700 公斤
最大速度	770 公里/小时（设计）
降落速度	180 公里/小时
升限	11500 米
发动机	2 台 DB 603A/AS/E
武器	2 门 MG 151 航炮（计划）

V1 号开始测试没多久，V2 号原型机即告完工，并于 1943 年 12 月 31 日首飞，仍然是汉斯·

V2 号原型机机头特写，机头下方的滑油散热进气口已经取消，滑油散热器整合到机头内。

V1 号原型机座舱仪表，中央是 6 个标准飞行仪表，左侧是时钟、无线电高度计、外界温度计等；右侧是两台发动机的桨距、转速、温度表等。两台发动机的油门杆位于座位左侧，无线电控制盒在右侧。这套布局延续到了之后的型号上。

座椅右侧的 FuG 16ZY 无线电控制盒。

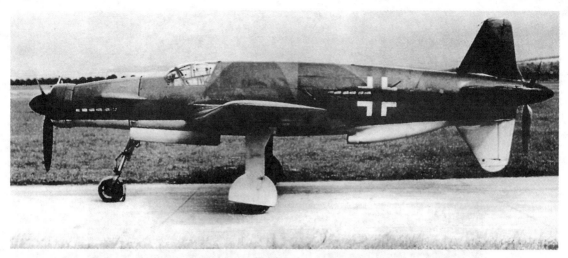

V3 号原型机侧视照片，注意后发动机排管前后位置开了几道辅助散热用的凹槽。

正在接受检查的 V3 号原型机，座舱盖搭在了后机身上，旁边的小车是飞机的外接电源。

迪特勒驾驶。接下来它在德国南部展开基础飞行测试，性能测试也提上了日程。然而 V2 号原型机比 V1 号更短命，本来计划让 V2 号去雷希林进行下一步测试。但到了 1944 年 4 月 16 日，Do 335 遇到了第一次严重事故，V2 号原型机全毁。

当时阿尔特罗格驾驶 V2 号原型机从门根起飞,测试飞机的滚转性能。他很快发现燃料不足,这不是什么严重的问题,飞机公司经常不给原型机加满油,而是让它们到空军机场去加油。阿尔特罗格选择的目标就是莱普海姆(Leipheim)的空军机场,然而后发动机突然起火,他立刻关闭发动机并打开灭火器,但这两个措施都没有效果。意识到已经无力回天之后,他决定试试刚安装的弹射座椅。另一种说法是他报告了后发动机区域产生严重的震颤,然后无线电就断了。这两个说法并不冲突,其他的信息都来源于目击者看到的情况,还有事后对事故的模拟和调查。

阿尔特罗格开始逃生,他扔掉了座舱盖,但没能逃离飞机。这是因为座舱盖没能正常脱离飞机,舱盖前缘打在他头上,打碎了头骨。阿尔特罗格失去意识之后,飞机偏离航线并坠落,最后掉在布克斯海姆附近的一个幼儿园旁边。飞机剩下的部分继续燃烧,由于油箱里的汽油不多,残骸没有完全烧毁。赶到现场的空军人员收拾了剩下的东西,座舱盖掉落到飞机坠毁点东南方几公里的一个公园内,也被找到。

根据后来 V6 号原型机的机身测试结果,道尼尔公司开始调查事故原因,他们认为一个劣质火花塞弹出了汽缸管,燃气泄漏烧穿燃油管线,最终导致飞机火灾。火花塞似乎是个很容易解决的小问题,但实际上并非如此。字面上看起来,道尼尔的说法直接指向发动机有问题,但事故根源是不是火花塞值得怀疑,因为本身完全一样的前发动机上就没有这个毛病。这个现象更可能是发动机过热造成的连带效应,摇身一变之后,成了某种甩脱责任的借口。

阿尔特罗格的尸检结果表明,他的死因是座舱盖撞击。之前,道尼尔公司曾经认为在使用应急手柄抛弃后,由侧铰链连接的座舱盖会从机身上方向后飞走。然而由于受到从座舱盖下方流过的空气影响,舱盖斜向前旋转并打中飞行员。于是道尼尔开始着手重新设计整个抛弃系统,但此后又记录了一次相同的事故。那是在 1945 年 4 月,巴尔曼(Bahlmann)下士发现后

原型机列表			
原型机	机身号	工厂编号	首飞日期
V2	CP+UB	230002	1943 年 12 月 31 日
V3	CP+UC(T9+ZH)	230003	1944 年 1 月 20 日
V4	CP+UD	230004	1944 年 7 月 9 日
V5	CP+UE	230005	1944 年 7 月 29 日
V6	CP+UF	230006	1944 年 3 月 25 日
V7	CP+UG	230007	1944 年 5 月 19 日
V8	CP+UH	230008	1944 年 5 月 30 日或 31 日
V9	CP+UE	230009	1944 年 6 月 29 日
V10	CP+UK	230010	不详
V11	CP+UL	230011	不详
V12	RP+UO	230012	不详

发动机起火，他决定弹射逃生，已经改进过的座舱盖再次弹了回来，打中他的头部，还好这次力度比较小，没有把他打晕。巴尔曼拉动弹射手柄，但什么都没发生。此时后发的火灾自己熄灭，巴尔曼决定驾机降落，飞机接地时的震动触发弹射座椅，将他从飞机里打了出去。巴尔曼摔在地上，受了重伤，无人操作的飞机则自己撞毁。

V2 号原型机改进了散热系统，使用道尼尔的新设计：将机头下方的滑油散热器取消，融合到机头的环状冷却液散热器中，这样可以减少一些阻力。V1 号上老出毛病的起落架舱门得到了改进，新舱门更常规，固定在起落架支柱上。为了改善后发动机的散热情况，发动机罩上增加了通风口，这个通风口位于排管后方，只有 V2、V3 号原型机才有。另外 V2 号原型机的散热片有所改动，安装的是 2 台 DB 603A-1 发动机。

V3 号原型机在 1 月 20 日首飞，据称它安装了 DB 603G-0 发动机的原型机，另外的说法称该机安装的是 DB 603AS 发动机。究竟是哪种发动机现在难以确定，可能的情况是奔驰用某一台 AS 型发动机改装成 G-0 型的原型机，所以两种记录都有。这些原型机在 1944 年春季进行了大量测试，包括平飞速度和爬升性能，有时候只使用一台发动机。顽疾之一的起落架毛病仍没能解决，还有后发动机的自动滑油散热器有些毛病。后来的测试集中在临界高度性能上，其中 V3 号在门根和上法芬霍芬机场进行了一些续航力测试。有一次 V3 号在门根降落时，飞机前起落架坍塌，原因是减震汽缸连接点焊接不良。这次事故具体发生日期不明，拖延了测试进度大约一个月时间。

早至 1944 年春季，统管侦察的卡尔·亨宁·冯·巴塞维什(Karl Henning von Barsewisch)少将提议将新飞机用于不列颠群岛上空的远距离侦察。到了 3 月 29 日，已经有了一份确定的计划，阐述空军统帅部测试队(Versuchsverband Ob. d. L)未来需要的装备。

统帅部测试队是一个特殊测试部队，自然需要特别的侦察机。关于计划里的 Do 335，他们的要求是特别改进的型号，拥有扩大的机翼，先使用 DB 603E，然后改用 DB 603L 发动机。计划还说："同时会使用安装 DB 603G 的 Do 335，附带 GM1 以及/或者水-甲醇喷射系统。"这种飞机会用来侦察英国，配合轰炸机部队对英国发起的反击轰炸。

1944 年 5 月 13 日的测试完成之后，V3 号原型机回到道尼尔工厂，在弹舱内改装相机(RB50/30 型)，然后转交给统帅部测试队的第 1 中队。V3 号在 5 月 23 日正式更名，机身号变成 T9+ZH，但 6 月 27 日才有报告确认。

测试计划包括用 V3 号原型机来执行一些实际任务，来检验 Do 335 是否能作为合适的侦察机。抵达测试队之后，该机被分配给了试飞员出身的沃尔夫冈·齐斯(Wolfgang Ziese)少尉。他在这架飞机上飞行过几个架次，但飞机的维护问题让他没能真正去英国侦察。

9 月 20 日，V3 号归还道尼尔公司，预定用于型号发展，齐斯少尉则转飞 Ar 234 侦察机。V3 号机后来又准备转往雷希林测试中心，但一次降落事故打乱了计划，该机的维修直到 11 月 30 日才完成。该机转到雷希林之后，计划的测试仅限于夜间战斗机用的 FuG 218 雷达系统，而后它在 12 月中旬完成改装。V3 号的最后状态是于 1945 年 2 月 18 日在雷希林机场迫降，可能没有再度修复，此后的情况未知。

V3 和 V2 号原型机在外观上差距很小，只有机翼和机身连接处的整流罩不一样。此外 V3 号原型机的下半垂尾是 RLM 65 号浅蓝色，只有该机是这种涂装。V2 和 V3 号的座舱盖侧面增加了泪滴形凸起部，以改善飞行员视野。

V3 号原型机座舱盖近照，可见大量加强筋将座舱玻璃分割成很多个小块，相当影响机内视野。后上方的凸起内安装了后视镜，但对后向视野的改善不大。

从另侧后方看座舱盖，凸起玻璃前方有一块可以打开的舱口。

从后下方看 V3 号原型机，襟翼放到了最大角度。

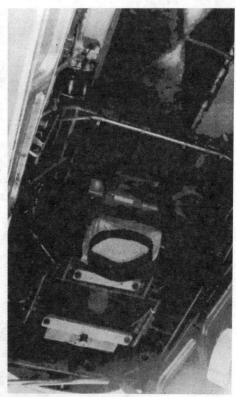

V3 号原型机在弹舱内安装的相机，这只是个临时性措施，所以相机很难维护，尤其是装卸胶卷时。

交付给统帅部测试后的 V3 号整体照片，可见飞机已经涂装了 T9+ZH 的机身号。

摄于 1944 年 11 月，统帅部测试队飞行员谈话中的照片，最左侧的是沃尔夫冈·齐斯少尉，V3 号的飞行员。

V4 号原型机拖到了 1944 年 7 月才首飞，首飞的飞行员是赫尔曼·昆茨勒。据称 V4 号的拖延是因为新机翼设计制造延迟，也有说法称该机测试了一段时间之后才更换新机翼。总之，该机的首飞也不平安，起飞后约 30 分钟，飞机后发动机起火。幸好昆茨勒打开灭火器，成功灭火，而后安然降落。经过修复和检查之后，V4 号在 8 月 6 日进行了第二次飞行，这次飞行中测试了稳定性、副翼、发动机散热片。

新机翼计划用于 B 系列发展型号，翼展达

到 18.4 米，翼面积 45.5 平方米。机翼内段保持不变，机翼外段进行了加长。这个大展弦比的机翼准备用于高空低表速飞行，与 Ta 152H 类似，Do 335 也在向高空战斗机发展。此前在 1944 年 5 月 18 日的会议上，参会人员对 Do 335 高空重型战斗机方案进行了细节讨论。而机翼改装完毕之后，V4 号也相应地转成了 B 系列的原型机。

12 月 24 日，该机向雷希林测试中心转场飞行时损失。原因可能是由于罗盘问题导致迷航，被扫荡莱茵河谷的盟军战斗机击落。

V5 号原型机用作武器测试台，但 MK 103 航炮研发延迟导致它反而晚于 V9 号安装武器。在 7 月末首飞后，V5 号先在地面进行静态测试，9 月 30 日飞到塔纳维兹（Tarnewitz）。第二天，该机开始进行改装，飞机上本来有 2 门 MG 151 航炮和 1 门 MK 103 轴炮，改装时变成了 2 门 MK 103 和 2 门 MG 151，另外的说法称轴炮没有拆除。

在武器测试中，MK 103 航炮经常出故障，飞行测试时还要卡壳。久经考验的 MG 151/20 则表现很稳定，此外飞机起落架仍然是老大难问题。11 月 18 日完结的这一周里，MK 103 打了至少 1400 发炮弹，但这种武器到德国投降时仍算不上完美。12 月 23 日，这一系列武器测试完成，该机被编入 335 测试特遣队。1945 年 2 月 18 日，V5 号原型机发动机故障，停留在雷希林等待维修，最终情况不详。

V6 号原型机较早完成，赶在 1944 年 3 月末首飞，飞行员是阿尔特罗格，该机预定仅用于电

另一张起落架测试的照片，虽然做了很多测试，道尼尔一直没能解决起落架问题。

气线路方面的工厂测试。4 月 10 日和 13 日，V6 号飞行了 2 个架次，测试液压系统、应急系统、起落架运作，还有 FuG 101 雷达高度计。不久之后，该机在腓特烈港机场降落时损毁，原因是起落架损伤，导致飞机无法使用。V6 号与 V5 号基本相同，使用 2 台 DB 603A-2 发动机，武器包括 2 门 MG 151 航炮和 1 门 MK 103 轴炮。

首飞后不满 1 个月，V6 号在 4 月 24 日毁于美国陆航空袭，此时它可能还没完全修好。盟军情报部门特别提到了这架飞机：

虽然是常规发动机，这架飞机是一种新设计，可能还在试验阶段。最初在洛文塔尔发现，时间是 1944 年 4 月 24 日，另一架可能在 1944 年 2 月 24 日就出现在门根，据说这里的飞机生产是腓特烈港疏散来的。

如果这种飞机要进入量产，慕尼黑周围有几个道尼尔工厂，它们肯定有空余厂区，因为 Me 410 生产减少了。预期参加生产的工厂有：纽奥丙（Neuaubing）（机身）、奥丙-东（Aubing-Ost），可能有上法芬霍芬（总装）。

其他据报告说生产组件的工厂有一个位于布雷根茨（Bregenz）的鞋厂（起落架）、位于林道附近的里肯巴赫工厂（Rickenbach）（机身）、哈莫雷（Hammerle）的商行（控制面）（此前是一个纺织公司）、位于多恩比恩（Dornbirn）的龙伯格公司。

遭到轰炸的 V6 号已经缺乏维修价值，但还有些残余组件。道尼尔决定将剩下的部分用作地面测试。1944 年 7 月 1 日，这些组件转移到了容克斯公司所在的德绍（Dessau），在这里进行模拟飞行测试，检查后机身温度。剩下的这个机身组件不包括机翼和前发动机，也没有起落架，只能安装在支架上，给后螺旋桨留出离地空间。为了模拟飞行状态，测试机的前方安装了一个大型风扇，给它产生合适的气流。发动机上安装了感应设备，测量模拟运作状态下的温度。

此前随着飞行测试进行，道尼尔已经发现一个问题，关于后发动机的自动散热器：在冷却液温度足够高时，散热片开始自动开启，然后散热片会失控地不断自行开合，导致飞机像海豚一样跳动。为了解决这个毛病，以及确定后发的过热问题，V6 号机身进行了多次测试。测试完成之后，后机身又用来校准火灾警报和灭火系统。工程师们利用已有的燃料管线，将汽油喷洒在发动机罩下，然后点燃油气并记录

V6 号机身改装成的测试台，左侧就是给机身吹风的大风扇。

V6 号测试台的后发动机近照。

温度，与警报系统原来的预设温度比较，最后才启动灭火系统，观察浇灭火灾需要的时间。令人惊奇的是，这个机身在做了多次这种毁灭性测试之后才完全报废。

V7 号原型机在腓特烈港组装，1944 年 5 月 19 日由汉斯·迪特勒驾驶首飞，这次首飞也是

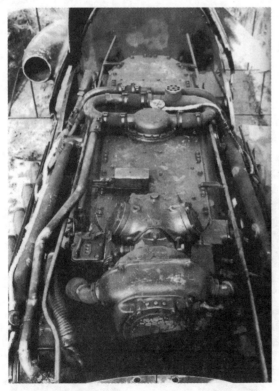

从座舱方向看后发动机，已经有一些看起来像是火烤的痕迹。

从洛文塔尔到门根的转场飞行。该机预定用于副翼开发、性能检测、机动测试，还有其他装备实验。6 月 11 日，V7 号从洛文塔尔飞往雷希林测试中心，给米尔希元帅做展示。第二天，米尔希作为荣誉嘉宾参加雷希林测试中心的新型号展示。他在当日 9 点抵达，先参观了最新的活塞发动机，Jumo 213E、Jumo 222、DB 603E，再加上开发中的喷气发动机，Jumo 004 和 BMW 003。此后，他检查了 X-4、Hs 117、Hs 293、Hs 294 导弹，各种雷达和武器。午饭过后，最新的飞机也进行了展示，包括 Me 262、Me 163、Ar 234、Ju 388 和 Do 335V7，其中 Me 262、Me 163、Ar 234 和 Do 335 都进行了起降和通场表演。作为对比，米尔希也看了一些缴获的盟军飞机：B-17、B-24、"兰开斯特"、"蚊"、P-47、P-51、"喷火"、"台风"。他被双方的差异惊到，盟军飞机出色的工艺与德国型号形成了鲜明对比。

展示后仅仅一天时间，似乎是在印证米尔希的看法，V7 号的一根起落架支柱在滑行时断裂。已知该机最后一次飞行是在 1944 年 10 月 12 日，V7 号在 E5 部门飞行测试降落时严重损伤，原因是一个轮胎爆裂。然后它被送回门根，1945 年法国部队发现它还在这里。另外的说法则完全不一样，称该机后来送到容克斯，作为静态发动机测试台。容克斯在机上测试了 Jumo 213A 和 E 两种

发动机，测试期间 V7 号被空袭炸毁。

雷希林自从 20 年代开始就是德国的飞机测试中心，Do 335 自然在这里进行了相当部分测试。希特勒上台之后，雷希林测试中心又进行了大幅度扩张。到 1944 年时，这里拥有 8 个主要部门。其中 E6 部门位于塔纳维兹，负责在地面和空中测试飞机武器。E6 部门的管辖内容包括枪炮、火箭、固定和活动炮塔武器、目标指示器和瞄具、测量设备、低温研究、飞机炮手的装备。

雷希林测试中心的部门划分	
E2	飞机
E3	发动机
E4	无线电和信号
E5	导航、电气和其他装备
E6	飞机枪炮和武器
E7	空投武器
E8	地面设备
E10	燃料、滑油和其他合成品

V8 号在 1944 年 5 月 22 日开始滑行测试，首飞时间不能确定，可能是当月 30 日或 31 日，试飞员是赫尔曼·昆茨勒。它与 V6、V7 号原型机类似，安装两台 DB 603A-2 发动机。首飞途中，昆茨勒遇到起落架无法收起的问题，只能提前结束试飞。该机用于副翼测试，还测量了爬升时的发动机温度，测试中起落架至少 4 次受损。

7 月 1 日，V8 号转到门根进行另一个系列测试，同样是与发动机相关。在这个月里，飞机发动机安装了排管消焰器，测试 Do 335 是否可以作为合适的夜间战斗机使用。此外还有一系列地面测试，持续到 8 月 15 日。8 月下旬，V8 号在诺伊堡（Neuburg）进行了夜间飞行测试。到了 10 月，它又转往门根进行高空飞行测试。

此时，该机作为奔驰的发动机测试台，先安装了 DB 603E-1 发动机，发动机整流罩也有所改动。另外据信 V8 号在奔驰的埃希特尔丁根（Echterdingen）机场也进行过试飞。1945 年 2 月最后一天，该机从门根转场到雷希林测试中心，这里是 V8 号原型机的最后一站。另有说法

V8 号原型机在机库内的照片，背后的飞机是 Bu 181 教练机。

这张 V8 号原型机的照片展示了飞机自带的折叠登机梯，梯子通过翼根的操纵杆控制折叠。

称 1945 年 4 月 18 日，法国人的侦察照片表明该机位于梅明根（Memmingen）。无论是哪种说法都缺乏细节，该机的最终命运不明。

1944 年 6 月 29 日，V9 号原型机在门根首飞，试飞员还是昆茨勒。该机安装了 DB 603G-0 发动机，此外的部分与预定的 A-0 预生产型相同。该机的起落架经过重新设计，首飞之后不久就成了安装标准武器配置的第一架原型机。7 月 29 日，V9 号在洛文塔尔打了 5 发 MK 103 炮弹，测试结果被描述为"不完美"。

V9 号于 8 月 3 日转场到雷希林，降落时起落架崩塌，还好飞机受损较轻。该机很快完成维修，在当月 15 日由哈利·波彻（Harry Bottcher）驾驶试飞，17 日又由海因里希·博韦（Heinrich Beauvais）驾驶试飞。博韦是雷希林最受尊敬的飞行员之一，他可能是飞过最多战时型号的人。此后博韦在 V9 号原型机上达成了 Do 335 的速度纪录——760 公里/小时。

博韦后来说他与 Fw 190 进行过模拟空战，

V8 号的一次降落事故，飞机冲出跑道，停在一块土豆田里。

V9 号原型机侧视照。

从侧后方看 V9 号原型机。

推动油门之后，Do 335 很快便把后者甩开。与其他飞行员类似，他也认为就这种尺寸的飞机来说，Do 335 的操纵性和机动性都很好。

这架原型机颇为幸运，飞行到了战争的最后时刻。那是在 1945 年 4 月 23 日，戈林给希特勒发了一封"篡权"的电报。希特勒恼怒，命令罗伯特·冯·格莱姆（Robert von Greim）立刻从慕尼黑飞到柏林接任空军司令。他坐在汉娜·

莱契驾驶的 Ju 188 上，在 26 日凌晨 4 点抵达雷希林。飞机准备完毕再次起飞时，测试中心的 30~40 架战斗机自愿起飞护航。在这些飞机中，就有 V9 号原型机，此时的飞行员是海因里希·席尔德（Heinrich Schild）中尉，第 26 战斗机联队的第 12 中队队长。11 点 05 分到 26 分，他刚测试过这架飞机。他的评价是 Do 335 对于训练良好的飞行员来说将是一架杰出的飞机，但此时德国没多少这种飞行员。

V9 号之后是两架双座原型机。其中 V10 号是给 A-6 夜间战斗型准备的原型机，基于 A-1 型机身，由维也纳的亨克尔公司部门完成改装。V10 号承接了原型机系列的机身号，是 CP+UK。1944 年 4 月的一封信里第一次提到这架原型机，飞机本身在 11 月 15 日确认完工并准备好飞行，实际首飞时间不明。可确认的试飞到了 1945 年 1 月 24 日才开始，在柏林附近的韦尔诺伊兴（Werneuchen）雷达测试中心用于 A-6 型的型号测试。这架飞机在第 3 夜间战斗机联队一大队的大队部里进行过作战测试，飞行员是沃纳·巴克（Werner Baake）上尉。这个大队还在负责测试 Ta 154A-4 夜间战斗机，但 V10 号在这里的测试情况不明，最终下落也不明。

双座夜间战斗机需要大量改动，其中最重要的部分是增加第二个座舱容纳雷达操作员，还要安装雷达系统。第二个座舱位于飞行员座舱后上方，这里是单座型的主油箱，改成座舱之后大幅度地减少了飞机内油量。此前主油箱有 1830 升，需要缩小一半才能安装这套东西。这个凸出的座舱，机身侧面管状消焰器，最后是外置的雷达天线，都大幅度增加了飞机阻力，相应降低了飞行性能。各种设备将起飞重量增加到 10100 公斤，又影响了爬升率和飞机升限。

夜间战斗型的主要尺寸不变，预定发动机是 2 台 DB 603A-2，进一步改进计划是换用性能略微增强的 DB 603E 发动机。因为安装了额外的座舱和雷达天线，夜间战斗型虽然性能下降明显，但就夜间战斗机这个范畴来说，指标仍比较出色。飞机武器仍是标准配置，包括 2 门 MG 151 航炮（每门备弹 200 发）和 MK 103 轴炮（备弹 70 发）。此外由于主油箱减少，飞机弹舱内会安装 500 升辅助油箱，如果不安装油箱，仍可在弹舱中挂载炸弹。

鉴于各种旧型夜间战斗机性能都不佳，航空部技术局对 Do 335 夜间战斗型评价很好，赋予了它高优先度。计划是让亨克尔的维也纳工厂进行生产，但 1945 年 3 月中旬，苏军开始维也纳攻势，工厂很快便失守，生产计划自然消亡。

施瑞威斯对夜间型的看法是这样："如果战况不一样的话，Do 335 夜间战斗型会在 1945 年 5 至 6 月开始服役。我们会有足够的夜间战斗经验，很容易就可以换装 Do 335。也许这就是为什么我们改编成了夜间战斗机部队。"

由于 Do 335 的特殊布局，它比传统单发飞机更需要双座教练机。与同期的 Ta 152 项目对比起来很明显，后者虽然也有双座型，但还在图纸上计划时就直接投产了单座型。Do 335 则在一开始就准备同步制作双座教练机。V11 号就是 A-10 型的原型机，设计上基于 A-0 的机身，再加上第二个座舱，没有武器。第二个座舱的尺寸比夜间战斗型要大很多，这里是教官的位置，他可以从这里操作飞机。学员坐在原来的座舱里。第二个座舱同样需要减小机背油箱，大型油箱改成了 L 型小油箱，放在教官座位背后，机翼油箱扩大到 375 升，以尽量弥补主油箱的容量损失。

V11 号的发动机是 2 台 DB 603A-2，在 1944 年 9 月 3 日首飞，试飞员是卡尔·海因兹·阿佩尔（Karl Heinz Appel）。他在 1939 年 1 月 2 日加入道尼尔公司，进行过一系列恶劣天气条件下的远距离飞行测试，试飞过多种道尼尔型号，现在接替了阿尔特罗格的工作。

阿佩尔在 1944 年 10 月 11 日至 16 日的试飞报告中提到了 V11 号的情况，这份报告的内容是关于用炸药抛射后螺旋桨的测试飞行，测试时有 V8 号原型机伴飞。

报告具体内容如下：

在大量静态测试之后，Do 335V11 第一次进行飞行中抛射后螺旋桨测试。在抛射时使用爬升和战斗功率挡，速度为 500 公里/小时，发动机转速 2500 转/分，进气压 1.3ATA。发动机点火开关关闭，1、2 秒后打开抛射开关。那时候发动机是每分钟 2000 转，螺旋桨很顺利地分离了。抛掉螺旋桨之前，我把飞机稍微向抬头方向配平，以平衡抛射螺旋桨带来的 6.7% 重心位置改变。但实际上突然重心变化带来的俯仰运动很小，我可以省略配平这一步。雷希林测试中心的站场工程师贝斯特观察了测试（从 V8 号原型机的座舱里）。他报告说螺旋桨顺利分离，跟着飞机飞了很短的时间，很快停止转动，翻滚跌落到地面。

原始测试计划是要将螺旋桨抛到霍伊山训练场。但为了安全起见，抛射点改在马格德机场上空，还能节约时间和燃料。

1944 年 12 月 2 日，试飞完成后，阿佩尔在降落时遭遇事故。由于气温下降，机场跑道有积雪和结冰，V11 号接地之后没能正常减速。此前一辆卡车穿过跑道，在上面留下了 10 厘米深的车辙，V11 号的一个主轮陷进去，立刻将飞机扭转，斜着滑了出去。歪着的一侧机翼碰到地面之后，飞机开始减速，但阿佩尔发现他正向旁边停放的一堆卡车冲过去。他害怕飞机撞上去之后发生爆炸，然而他运气极佳，V11号慢慢停在距离卡车不远的位置上。

事故导致起落架和机翼受损，情况不太严重，但该机最终结果不明，应该没有完成修复工作。

V12 号也是双座教练机的原型机，不过对应的是 A-11 型。这架飞机在 1944 年 9 月完工，进行过一些性能测试，用来对比与单座型的差距，但详细情况不明。工厂测试完成后，它于 11 月飞往雷希林，在这里完成了一般测试。接下来该机被用来测试梅塞施密特设计的 P8 型螺旋桨，再加升降舵操纵测试，已知的最后一次飞行是在 1 月 18 日。1945 年 4 月时，该机已经回到洛文塔尔，最后被道尼尔技术人员摧毁。

V11 号原型机侧视图，可见后座安装得比较粗暴，看起来像是一只驼背的食蚁兽，这也许就是"食蚁兽"这个外号的来源。

V12 号原型机被炸毁后的残骸照。

这架原型机在很多方面与 V11 号不同，首先是前起落架支柱，在收起时会先旋转 45 度，再进入起落架舱。这套系统与 Do 335B 系列相同，以便起落架舱容纳增大后的前轮。梅塞施密特 P8 螺旋桨是一种三叶变距桨，直径 3.5米，电动变距。这个螺旋桨设计来给 2000 马力级别的发动机使用，即 DB 603 和 Jumo 213 系列。按照航空部的命令，梅塞施密特在 1942 年把这个螺旋桨转给 VDM 公司继续研究，后者在1943 年开始测试。航空部看好它设计简单、维护方便的优点，但最后也未能成功投入量产。另外的区别是该机安装了 DB 603E-1 发动机，略微提升了整体性能。在 Do 335A 系列的发展计划里，V12 是最后一架原型机，V13 号开始是B 系列原型机。

1944 年 12 月中旬，V(德文 Versuchs，意为试验)简写的原型机编号被要求改为 M 开头，以避免与 V 系列复仇武器混淆。不是所有公司都接受了这种可有可无的命令，不过道尼尔接受了，例如 Do 335V9 号变成了 Do 335M9 号原型机。当时的一些文档中混用 V 和 M 两种编号，为了避免造成额外的混淆，所以本书仍继续使用 V 编号。

第五节　预生产型和 A 型生产情况

1944 年夏季，Do 335 终于从原型机跨越到A-0 预生产型阶段。7 月 4 日，道尼尔发布了一份制造说明，内容是关于 A-0 和 A-1 型的细节。在说明中，它们是标准的高速轰炸机，安装 2台 DB 603A-2 发动机，后期换成 DB 603E 型。

按照这个配置，预生产型开始组装，很快便完成第一架飞机，即 240101 号。然后由于空袭阻碍，飞机生产停了下来，组装暂时转移到门根。拖延到 9 月末至 10 月初，道尼尔才又交付了 4 架预生产型，用于进一步测试。

预生产型飞机列表	
机身号	工厂编号
VG+PG	240101
VG+PH	240102
VG+PI	240103
VG+PK	240104
VG+PL	240105
VG+PM	240106
VG+PN	240107
VG+PO	240108
VG+PP	240109
VG+PQ	240110

此时，为了避免生产设施被美国轰炸机一锅端，飞机生产已经分散化。这意味着机翼要在博登湖西岸的康斯坦茨生产，到了战争最后几周里，机身在腓特烈港东北面的乌门多夫（Ummendorf）生产，最后在上法芬霍芬总装。

预生产型飞机不多，现存的资料可以大致了解它们各自的情况。第一架 A-0 型是 240101号，它在完工之后送到门根用于型号测试。据信该机作为 V2 号原型机的替代机使用。240101

号的识别特征是垂尾上涂的数字编码，而不是通常的工厂编号后 3 位。这架飞机最后被美国人缴获，涂着美国编号送到了美国。另外的说法称被缴获的是 240165 号，240101 号在第十五航空军的轰炸中被毁。

第二架预生产型，即 240102 号，该机比较著名，因为它是唯一幸存下来的飞机。它与第三架预生产型 240103 号机一起，都在 1944 年 9 月 30 日首飞，飞行员是汉斯·迪特勒。它们也都在首飞这天从门根转场到上法芬霍芬。其中 240103 号首飞时又差点发生灾难，飞机液压系统故障，导致起落架无法放下，迪特勒用备用的气动系统成功放下起落架，避免了迫降导致飞机损坏。

10 月 11 日，两架飞机均完成了第二次测试飞行。11 月 20 日，240102 号抵达雷希林测试中心。240103 号预定也要交给雷希林，用于发动机测试，但一次夜间降落时的事故导致该机没能成行。这次事件发生在 11 月 18 日至 25 日之间，11 月 26 日至 12 月 2 日的周报里写了这样一句：飞机需要维修，完成时间不明。其他的说法称事故是 25 日夜间在雷希林降落时发生的。

240102 号机的照片，该机正在被拖行，远处有另外几架 Do 335。

停放在机场边缘的 240105 号，拍照时该机已经被弹片打伤，座舱盖也拆掉了。

和其他废弃飞机堆放在一起的 240105 号，主油箱和发动机罩已经被拆掉。

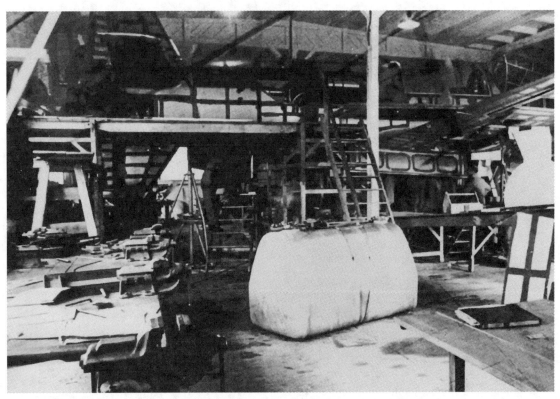

240110 号组装时的照片，地上这个大型物件是飞机的主油箱，远处则是架起来的机身。

组装完成的机身部分，架在转移用的轮子上。留给盒状翼梁的空槽清晰可见。

后发动机安装时的照片，此时还没有连接传动轴。

240106 号坠毁后的残骸照片，飞机剩下的部分已经被积雪覆盖。

总之，维修还是完成了，但此后该机的测试情况不详。早期研究认为该机在雷希林留到俄国人抵达，然而后来历史研究者又发掘出一张照片，是240103号与美国士兵的合影，表明该机最后回到了上法芬霍芬。此外飞机上还有弹片造成的损伤。

由于Do 335飞行测试增加，在10月26日，德国高炮部队发布了一份识别备忘录，以免误击道尼尔的新飞机。

240104号的首飞日期可能是11月5日，1944年11月5日至12日的周报内容表明该机在容克斯的德绍机场使用过一段时间。报告内容为：从上法芬霍芬到德绍（以及雷希林）的转场飞行里，飞机需要在梅泽堡（Merseburg）降落加油。接下来起飞时，飞机遇到了液压系统故障。

11月18日至25日的周报确证了该机抵达德绍和雷希林。报告说：1944年11月22日，从德绍抵达雷希林，开始接受检查，到目前为止没有反馈问题。

接下来两周的周报内容表明该机进行了改装，包括安装轴炮。现在的武器为机头2门MG 151航炮和MK 103轴炮，即达到了标准配置。最后一个关于该机的报告内容包括完成了无线电系统，还有一系列液压系统测试的信息。

战争最后阶段，雷谢少尉受命将240104号飞回上法芬霍芬，然而轰炸导致飞机受损，一个轮胎被弹片打漏，无法起飞。不知道为什么，240104号一直没修复，雷谢将240102号飞到上法芬霍芬。240104号没有再离开雷希林，最终可能被俄国人的炸弹炸毁，如果不是德国人自己摧毁了它的话。

240105号的首飞日期是11月25日。几个周报都表明该机首飞后转往雷希林测试中心。首先是提到240105号飞行途中在伊莱斯海姆（Illesheim）短暂停留，修复出现故障的散热系统。11月26日至12月2日的周报说该机可以恢复飞行。但240105号向雷希林的转场飞行被恶劣天气干扰，12月10日才抵达目的地。此后的报告确证它已经抵达雷希林，在测试中心分配的飞行员是迈尔上尉，还进行了液压系统测试。其他说法称该机在1945年1月飞回慕尼黑，进行除冰系统测试。而后在轰炸中被炸弹破片击伤，损伤较大。战争结束时，240105号可能位于上法芬霍芬或者门根，也有说法称美国人于4月30日在慕尼黑机场发现了它。总之，该机最后在慕尼黑附近和其他一些德国飞机一起被拆毁。

据称240106号可能在12月首飞，该机安装的是DB 603E发动机。1945年2月20日下午4点35分，试飞员罗伯特·莫斯巴赫（Robert Mossbacher）驾驶它从上法芬霍芬起飞，进行日常飞行测试。飞行途中，他一直与地面保持无线电联络。测试完成后，莫斯巴赫在500米高

240107号机起落架近照，左侧是前起落架，右侧是主起落架。

度从北向南返航，这时候他报告前发动机起火。接着飞机左转，向东飞去，同时不断损失高度。最后飞机坠毁在上法芬霍芬东面大约 4 公里位置，莫斯巴赫没有弹射，随机身亡。

下一架飞机的情况不甚明确，至少 240107 号确实完工，还留下了很多照片证实。它可能在 12 月 29 日首飞，然后转往雷希林进行测试，此外还知道它用于给 Do 335A-1 战斗轰炸型提供测试数据。1945 年 2 月 28 日，240107 号在雷希林进行最后一次飞行，此后情况不明。这架飞机安装了标准的 MK 103 轴炮和机头 2 门 MG 151 航炮，发动机是 2 台 DB 603A-2。

240108 号也是用作 A-1 型的原型机，已知第一次飞行是在 12 月 24 日。从 1944 年 12 月末至次年 2 月，该机在雷希林测试，在 1 月 11 至 15 日期间，主起落架出现故障，据称它还安装测试过 DB 603E-1 发动机。可能是在 1945 年 4 月，240108 号飞回上法芬霍芬，在这里成了被美军缴获的飞机之一。

240109 号的资料很缺乏，不确定该机进行了什么测试。不过 1945 年 1 月 15 日的一份飞行报告确定了它的结果，在上法芬霍芬降落时因事故损失。飞行员以过高下降率降落在结冰的跑道上，导致机背摔断，飞机无法修复，只能注销。

240110 号是最后一架单座预生产型。可能在 1945 年 1 月首

240107 号俯瞰。

飞，2 月 9 日转往雷希林，3 月 15 日回到上法芬霍芬测试导航设备。有说法称该机安装了 2 台 DB 603E-1 发动机，最后可能被美国人缴获。

预生产型过后就是 A-1 量产型，即准备用于作战的正式型号。

按照原发展计划，Do 335 应该尽快配给部队并服役，为此调来了第 2 轰炸机联队的三大队，作为测试单位和第一个用新飞机作战的部

侧前方视图。注意由于增压器位于发动机左后方，反向安装的后发进气道就变到了机身右侧。

队。在 1944 年 6 月 22 日，该大队从前线撤下，向后方转移。

测试队在 9 月 4 日成立的命令具体如下：

> A) 隶属于战斗机兵种总监
> 1 名指挥官
> 1 个重型战斗机中队
> 1 个维护组
> 2) 隶属于侦察机兵种总监
> 1 名副指挥官
> 3 名飞行员
> 37 名技术人员
> 3) 隶属于轰炸机兵种总监
> （其他大部分人员）

从人员组成来看，这是一个综合性的测试队，但鉴于抽调部队的性质，它更倾向轰炸机部队。测试队的任务还包括夜间空战，以对抗皇家空军的夜间型"蚊"式战斗机。具体来说，测试队的 30 名飞行员里有 21 名来自于施瑞威斯的部队，包括他自己。此外 8 人来自于战斗机部队，还有 1 人是飞侦察机的，但这些人此前所属的部队不详。

队长施瑞威斯讲述了测试队的历程：

必须注意，在德国空军历史上，只有这一次，一支作战部队成为了测试部队，这意味着它负责发展的这种飞机，将是它用来作战的飞机。

1944 年 9 月 4 日，组成测试队的命令发布。测试队预定运作 6 个月，所有第 2 轰炸机联队三大队的人员被指派给道尼尔，加入 Do 335 项目工作。他们的任务包括制定、开发维护流程，编写飞机手册。

在 1944 年 11 月初，加兰德将军召见我。我给了他一套有细节和插图的 Do 335 飞行员手册。他随后翻了几页，说他想仔细阅读，然后声明说"这太可怕了，我们有，也有过很多测试队，但这是第一次给了我这样的东西。"

施瑞威斯还述说了部队的历史：

1943 年 7 月，我成了第 2 联队三大队的队长，接近 4 周时间，我们一直执行攻击敌军的任务。最后几次任务中的一次，我和我的机组只能跳伞逃生。很久以后，在 1944 年 5 月，我接到命令向第 11 航空军指挥官佩尔茨将军报到。他说了一些话，大意如下："技术上来讲，作为飞行员，你是我手下最好的指挥官。你和你的整个大队（加强到大约 800 人）要被派往康斯坦茨湖。在这里，你要协助道尼尔发展一种全新的高速轰炸机，然后回到战场。"在我们的指挥部里，不论陆军还是空军，没有人对工业潜力有什么认识。另外，每个人都在对其他人撒谎，无论如何，佩尔茨将军说我们会在 3 个月内重返前线。我的看法是他真的信了，谎言是自上而下的，这次他是最下面这层。

我想螺旋桨时代要结束了，尤其是得知有些轰炸机部队在 Me 262 上训练之后，希特勒拒绝让这些飞机当战斗机用。我自然假定新的道尼尔飞机是喷气轰炸机。如果我提前知道的话，我会请求佩尔茨将军让我去干别的。

我们的飞机都是道尼尔 Do 217M，发动机是 2 台 DB 603，全部交给了其他大队。除此之外，尤其是技术装备和车辆，我们都带到了康斯坦茨湖。和我们被告知的不一样，我们发现当地没有做任何准备。腓特烈港基地指挥官只是收到一封信，通知我们即将抵达，他要提供住宿。根本就没有提到我们是个轰炸机部队，他们以为我们是被打发到那里去的一堆垃圾。

大队开始移动。我仍然留着自己的 Do 217，我飞过去见迈斯特中校，他的部队在莱赫费尔德(Lechfeld)换装 Me 262。

为了给我预期的任务做准备，我让他简单介绍了他正在干的事。两天后，当我与部队主力会合时，我发现他们挤在腓特烈港的高炮兵营里面。这地方条件很糟，而且它的位置就在道尼尔工厂旁边，暴露在空袭的威胁之下。腓特烈港齿轮厂也在旁边不远。谁都能想象到我的人士气如何。

当道尼尔的人告诉我这架飞机是螺旋桨推动的战斗轰炸机时，我极其失望，即使它是世界上最快的。它还可能更快一点，如果道尼尔给它安装 Jumo 213 而不是 DB 603 的话。

我干的第一件事是试图从道尼尔的负责人那里搞清楚究竟是怎么回事。他们大话连篇，试图妨碍我，但我不吃这一套夸张的说辞，还有航空工业的风俗。我采取了必要的直接做法，在两天内了解到至少还需要 6 个月才能将飞机带上战场。

三大队的基本问题还没有解决，施瑞威斯谈到这个情况：

需要做的第一件事是给部队找到合适的住宿。我很快就精疲力尽，所有地方都表示拒绝。需要记住这点，出于安全理由，我不能说出部队的真正目的。朗根阿根(Langenargen，位于腓特烈港和巴特沙根之间)有个大型陆军兵营，陆军还占用着一个大型医院，这里大约有 30 个人。仅仅是这个兵营就可以容纳整个大队。但一开始什么办法都没有，因为兵营预计在接下来 14 天会被占用，然而到了 1945 年 1 月仍然空空如也。我们后来才知道，这里是勃兰登堡师的补给和休整基地。城外远处，在湖边还有一个旧兵营，驻扎着防御监听站，由 6 个游手好闲的人运作。我们也被拒绝转移到这里。后来我们只简单地拿了些部队和大队部需要的东西，到离开康斯坦茨湖地区时都留在那里。在我意识到接下来 6 个月都不会发生什么的时候，开始盘算该带着手下干什么。与道尼尔的经理一起时，我想到可以让他们上生产线工作的主意，这还能解决住宿问题。由于空袭，生产分散到福拉尔贝格(Vorarlberg)和符腾堡(Württemberg)南面上斯瓦比亚(Upper Swabia)的大量小镇里。飞行任务以门根为基地。这样我的人就分派到各处。将军们相信这飞机很快就可以使用，开始为了他们的部队争吵。每天还有航空部的新命令，某一天说它是轰炸机，然后变成战斗机，然后变成侦察机，然后变成夜间战斗机，然后又变回轰炸机。甚至还有说它要用来当近距支援飞机。道尼尔的人不停地在修改，不再有谁谈生产了……

1944 年 9 月，我在雷希林出差 3 周。在这里我了解到 Ar 234，世界上第一种喷气轰炸机。它甚至比 Me 262 更快速，后者作为战斗机设计，没有轰炸瞄准具，Do 335 也没有。这两种飞机只能认为是"恐惧轰炸机"，这意味着它们只能用来进行随意的报复攻击。与它们相反，Ar 234 是轰炸机，透明的机头里有一个 Lotfe 7K 瞄具，可用于精确轰炸。飞机还装备了三轴控制的帕京自动驾驶仪。所以，在进入轰炸航线后，飞行员可以放开操控，全神贯注在投弹上。在雷希林，我还了解到 Ju 287，有 4 个或 6 个喷气发动机。与这些飞机相比，Do 335 不仅落后，阿拉道甚至都领先道尼尔接近一整年。为什么又在搞些没用的事？为什么在 Do 335 上浪费时间？为什么道尼尔不允许 Do 335 投入生产？有些人说喷气发动机数量不足，但我完全不能接受。为什么他们不及时切换发动机生产？

与此同时，在生产线上投入军人对部分道尼尔雇员产生了严重影响。

施瑞威斯继续说道："那是 1944 年 11 月，道尼尔公司里开始洗牌。道尼尔人员里最可怜的部分，那些有缺陷的、病号、老年人，都被换走，职业士兵替代了他们。坚强的职业军人取代了老爷爷。我再也受不了他们了。"

接下来发生的事件结束了三大队在道尼尔的寄居生活，士兵们回到了他们预定的岗位。最后一部分其实与 Do 335 已经没多少关系，但能说明德国此时的混乱情况。

施瑞威斯回忆：

我带着自己的意见去找加兰德。不到 2 周时间，我们就被调到慕尼黑-新比贝格（Neubiberg）。在这里我们被重编为第 2 夜间战斗机联队五大队，但我从来没见过联队其他部分或者联队长。我们现在属于第 7 战斗机师。我们接收了 40 架 Ju 88G-6。等到 1944 年 12 月末，我们已经做好夜间空战准备，然而我们从来没进行过夜间飞行。很少有人知道在 1945 年 1 月，已经没有夜间战斗机飞行任务，至少没有双发飞机进行常规任务了。夜间战斗机部队现在用来执行夜间对地攻击，因为我们训练得比其他夜间战斗机部队的战友更好。我们在靶场进行了很多空对地训练，我们得到两个坏掉的火车头用来练习。随着时间推移，越来越难弄到燃料、炸弹、弹药。

1945 年 4 月 27 日至 28 日，我们执行了最后几次攻击任务。我在 28 日早晨接到任务命令。我在下午尝试联络师部确认，但没有收到回复。我没有多想，只是以为电话线断了。我本该有所怀疑的，因为我们也没法用无线电进行联络。我们执行完任务，然而此后电话和无线电仍然沉寂着。4 月 29 日，我们开始意识到第 7 战斗机师已经解散，或者逃跑了。最开始我以为我们会转移到南方，然而到 30 日仍杳无音讯。我终于得出结论，第 7 战斗机师已经不复存在。

现在，我们的思路转向尽可能避免被俘，盟军在 4 月 30 日占领慕尼黑。下一个故事就是另一回事了。5 月 1 日早晨，3 架飞机起飞，几乎就从美国人头顶飞过。多伊林（Deuring）上尉和迈尔（Maier）少尉在符腾堡泰尔芬的一个足球场上用机腹迫降。

菲尔德（Felder）中尉在林道正常降落。佐伯尼格（Zobernig）准尉在他家乡克拉根福特的机场降落。我给了他一些文件，上面说他是我们转移的先锋队。后来他告诉我这可是好东西，因为在他降落之后被宪兵检查过。他们告诉他，如果没这些文件，他没好下场。

施瑞威斯的看法相当激进，德国工业确实无法像他想的那样支撑空军大规模转型到喷气机。此时帝国防空战已经实质上失败，在巨大压力下，德国航空工业通过削减多发飞机和挖掘潜力扩大单发战斗机生产，于是产量暴涨的 Bf 109 和 Fw 190 成为空军主力，同样急切需求的还有作为战斗机的 Me 262。轰炸机——无论是活塞还是喷气动力——都对战局没有实质性影响。但测试队消失对 Do 335 本身还是有些影响，在三大队改编回作战部队后，Do 335 的测试就局限于雷希林测试中心和道尼尔公司的部分。

如果道尼尔公司动作更快点的话，Do 335 还有一点希望小批量投入服役，作为昼间截击机配合单发战斗机使用。正好在三大队改编为夜间战斗机部队时，生产型开始组装，按照原计划第一批 12 架是 A-1 型飞机。

当然，如果要测试装备部队，至少也得像 Ta 152 那样，先准备足够装备一个大队的生产型飞机。施瑞威斯的大队被调过来也就是为了此事，但生产型飞机拖得太久，让施瑞威斯无法忍受。他带队离开之后，Do 335 的产量也没有补足可换装部队的数量，完全不够投入实战。

前起落架崩塌事故后的 240111 号。

位于慕尼黑的德意志博物馆保存了生产型飞机的少量信息，大致总结如下：

第一架 Do 335A-1 的工厂编号是 240111，1945 年在上法芬霍芬组装完成。但它不是正常的 A-1 型，而是双座教练机，即 A-11 型，没有武装。该机由于起落架故障损伤过 2 次，事故日期分别是 1 月 30 日和 2 月 12 日，后修复，最后可能被美国人缴获。

240112 号也是教练机，同样在上法芬霍芬组装。该机在 1945 年 1 月 20 日有过 22 分钟的测试飞行记录留存，测试中遇到了发动机故障，一周后主起落架又出现了故障。战争结束时在上法芬霍芬被美国人缴获，修复后飞往英国，最后事故坠毁。

240113 号是 A-1 型战斗轰炸机，曾被一架降落的 Bf 109 撞击，导致后发动机和机尾严重

240112 号生产型的照片，注意站在后面的是美国人。

240114 号的照片，前后座舱盖都向右侧打开，可以发现后座要窄很多。

损坏，但当时的试飞员阿佩尔没有受伤。该机最终在宾德拉赫（Bindlach）被美国人缴获。240114 号也是教练机，1945 年 4 月在上法芬霍芬被缴获。

240115 号在上法芬霍芬组装完成之前，美国人就进占了机场，该机最终情况不明。240116 号预定作为 Do 335B 型的原型机，同样没有完工。240117 号也是 B 系列原型机，该机据称早在 1944 年 10 月就在雷希林进行了测试，这个情况很奇怪，它不太可能这么早完工，假定完工了，也无法确定是不是以 B 型的状态进行的测试。240118 号计划作为 B-2 型的原型机，详细情况不明。关于 240115 号至 240118 号这些飞机，有另一种不同的说法，称它们准备改装成双座型，转给侦察大队训练。

一些说法称 240119 号是 B-6 型的原型机，也有说它改装成教练机的，总之该机可能没有完工。可确定 240120 号经过双座型改装，相当于 A-12 型的配置，是否用于 B 型测试则不明确。

240121 号也作为 A-11 型组装，但整机工程处于早期阶段。之后的 240122 号倒是完工了，但无法确定首飞日期。它短暂的一生以在上法芬霍芬发生事故告终，后机身损坏，没有修复。最后美国人缴获损坏的 240122 号，该机后发动机已经拆除，但没有装回整流罩（这是承力结构的一部分），传动轴和螺旋桨的重量导致后机身折断，战后拆解。

量产型飞机列表		
机身号	工厂编号	型号
RP+UA	240111	A-11
RP+UB	240112	A-11
RP+UC	240113	A-1
RP+UD	240114	A-11
RP+UE	240115	A-1
不详	240116	A-1
不详	240117	A-1
不详	240118	A-1
不详	240119	A-1
不详	240120	A-1
RP+UL	240121	A-11
不详	240122	A-11

型　号	用　途
Do 335A-2	重型战斗机，基于 A-1 型，轰炸系统有改动
Do 335A-3	重型战斗机，基于 A-1 型，武器配置不同
Do 335A-4	侦察机，基于 A-0 型，弹舱内安装照相机，弹舱中间有两个镜片窗口，后方有一个
Do 335A-5	计划中的高空战斗机
Do 335A-6	双座夜间战斗机，装备 FuG 217 雷达，还有 FuG 220 和 FuG 350。武器包括 MK 103 轴炮和 2 门 MG 151 航炮，可挂载 2 个副油箱增加航程
Do 335A-7	高速轰炸机，使用 Jumo 213 发动机
Do 335A-8	重型战斗机，使用 Jumo 213 发动机
Do 335A-9	侦察机，使用 Jumo 213 发动机
Do 335A-10	双座教练机，基于 A-0 型
Do 335A-11	双座教练机，基于 A-1 型
Do 335A-12	计划中的教练机，用于飞行和武器训练
Do 335A-13	计划中的另一种教练机

第二章　Do 335 细节和发展情况

第一节　Do 335A 技术细节

Do 335 有个"食蚁兽"的绰号，它在德国飞机中肯定算不上最好看的，无论是设计还是外观，都同样非常规。不过道尼尔的卓越设计值得仔细品味，毫无疑问，这是一种杰出的活塞飞机设计，至少飞机本身是这样。

机身

飞机机身是半硬壳结构，全金属，长度13.85 米。从前到后共有 24 个隔框，它们塑造了机身的形状，大量 L、U、Z 型桁条和承力蒙皮安装到一起，组成机身。机头的截面为圆形，最前方是环形散热器，其中包括了滑油和冷却液的散热器，连接在上面的散热片以液压控制开关动作。整个散热系统后方是戴姆勒-奔驰的DB 603 系列发动机，在 Do 335 上主要是 A 和 E型，实际也只有这两种量产型号可用。散热系统和发动机组成一个"动力蛋"，作为整体式动力系统，便于整体拆卸下来维护。

发动机由两个 V 型支架支撑，支架与机身的连接点在 1 号隔框上，这里有 4 个安装点。发动机后下方，在 1 号到 6 号隔框之间的空间是前

起落架舱。MK 103 轴炮和 MG 151 机头炮均位于发动机后方，在 1 号到 2 号隔框之间的位置。MG 151 使用螺旋桨协调器射击，炮口在机头上方，MK 103 轴炮通过发动机中间的管道，穿过螺旋桨毂射击。

在机炮和弹药后方，2 号和 6 号隔框之间的区域是飞行员座舱，按照不同的子型号稍微有差异。飞行员防护措施包括前方的防弹玻璃和后方的钢装甲板。此外 Do 335 也是最早使用弹射座椅的飞机之一，虽然此时才发明不久，座椅的设计相当简陋。

座舱装甲背板有 15 毫米厚，它的后方是两个滑油箱，以及大型自封闭油箱，这三个油箱在第 6 号到第 11 号隔框之间。如果飞机要安装GM1 加力系统，会在油箱之间安装 3 个喷液压力容器。在不同型号的飞机上，大型油箱的容量各有不同。

油箱下方是弹舱，在 7 号隔框到 14 号之间，弹舱内可挂载各种航空炸弹，也可以用来安装额外的 500 升弹舱油箱，在侦察型号上还可以安装相机，或者 250 升 GM1 辅助容器。作为高速轰炸机设计的 Do 335 在安装相机上很有优势，它本来就设计在弹舱内携带较大重量的载荷。单发的 Bf 109 和 Fw 190/Ta 152 系列只能将相机安装在后机身，需要移动一些设备，较重的相机

Do 335 主要组件示意图。

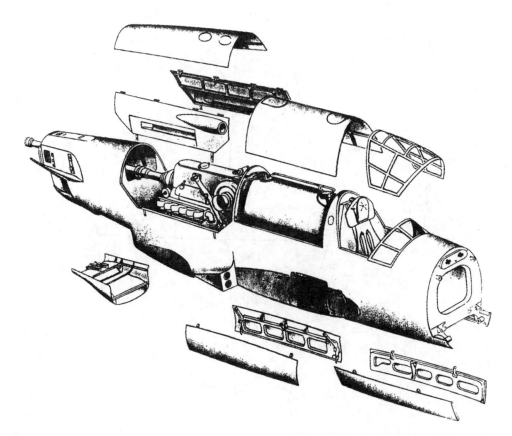

机身的主要组件示意图。

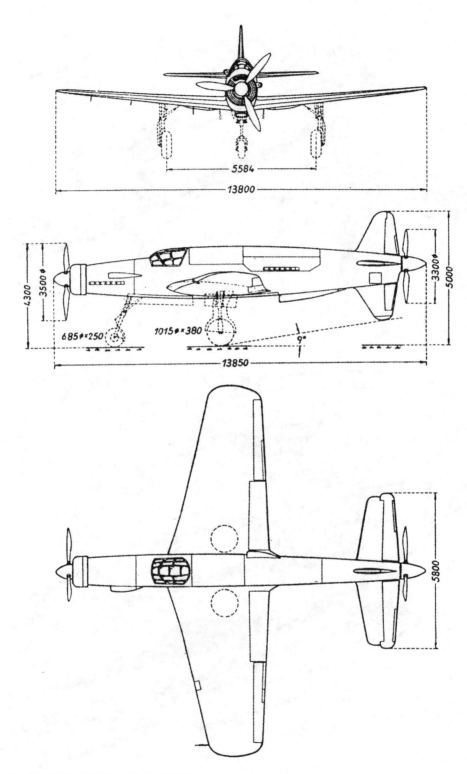

Do 335A 的三视图和主要尺寸数据。

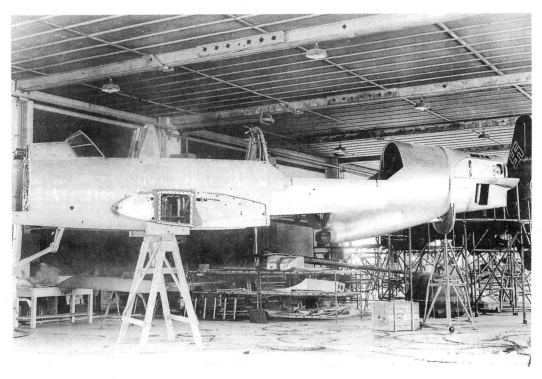

正在等待组装的机身组件。

后发散热器进气道部分，还没有安装外层蒙皮。

还会导致飞机重心后移。

方向舵和升降舵的操纵系统都从弹舱中穿过，然后就是防火墙，以及防火墙后方的推进发动机。推进式的后发动机就无法使用"动力蛋"设计了，它和后机身是融为一体的。另外发动机是一个重量很大的组件，为了平衡飞机重心，它需要安装在尽量靠前的位置上，通过延长轴传动后螺旋桨。需要注意的是，奔驰发动机将增压器安装在左后侧，前发的进气道就在机头左边，后发反过来安装，进气道就位于机身右边。

后发动机的安装位置是 11 号隔框到 18 号隔框，它的散热器在更靠后的位置上，从机腹进气道吸入空气，给滑油和冷却液降温。散热出口在垂尾前方，同样有液压作动的散热片。可抛射的螺旋桨是个比较新奇的设计，毕竟拉进式活塞飞机不需要担心这个问题。

尾翼

机身终点连接着十字形尾翼组件，下方垂尾尖端安装有弹簧滑橇，在垂尾碰触地面的情况下可提供一些缓冲保护。十字形尾翼对于道尼尔来说也是个新设计，只在 Do 335 和前身 Gö 9 试验机上使用过。下垂尾本身可保护后螺旋桨，以免飞机在较大攻角起降时桨叶直接打在地面上。

上下垂尾的翼型都是 NACA23012.5，用大型螺栓连接在机身末尾。这些螺栓并非普通螺栓，都是爆炸螺栓，用电引爆，可以在紧急时刻炸掉垂尾。飞行员可以选择分开炸掉某一个垂尾，或者一起炸掉。

关于机尾部分，飞机手册第三部分有如下内容：

背部垂直安定面：内部结构包括 2 根翼梁和 7 根翼肋。外面包裹杜拉铝蒙皮，经过加强。前缘是木制组件，包括一个凹槽用于安装天线和天线调节器。它用螺丝固定在前翼梁上，可以拆卸。曲线形状的安定面尖端也是木制，由螺丝安装在第 7 根翼肋上。这样这两个组件都可以轻松更换。

有两个安装点用于连接控制面，分别在 1 号翼肋（固定）和 7 号翼肋（可动）上。上安装点是控制面整体的一部分，下安装点由螺丝连接。安定面用 4 个特制接头连接到机身上部，在 21 号和 22 号隔框之间。

为了达成预定的尾翼可抛弃功能，设计使用爆炸螺栓。如果飞行员被迫放弃飞机，安定面（与后螺旋桨一起）可以由电点火的爆炸螺栓抛弃。安定面与机身之间的整流方式是嵌入式整流罩，以凹形螺钉连接。

上方向舵：控制面包括 1 根翼梁和 10 根翼肋，铆接的杜拉铝蒙皮。一个可拆卸的顶盖安装在 10 号翼肋上。配平片位于后缘，1 和 6 号翼肋之间。

腹部垂直安定面有 2 根翼梁，还有 6 根翼肋和金属蒙皮。以螺栓连接在机腹 4 个连接点上，位于 21 号和 22 号隔框之间。它与反方向的背部安定面尺寸大致相同。它也可抛弃（与后螺旋桨一起），以电点火的爆炸螺栓作为手段。开关位于座舱内。安定面前缘部分是木制，可移除，前缘部分中空，用于安装天线。与 6 号翼肋连接的是一个滑橇，形状与安定面和方向舵相匹配。

腹部方向舵：控制面的结构包括 2 根翼梁和 7 根翼肋，以杜拉铝蒙皮包裹。方向舵有两个连接点，上连接点与翼梁固定在一起，下连接点安装在 7 号翼肋上。连接支座用螺栓连接在安定面上。平衡配重是铸铁，沿着整个操纵面前缘布置。

飞机手册的第二部分解说了尾部滑橇的结构：

因为飞机的前三点起落架，尾部辅助滑橇是有必要的，它构成了腹部安定面的顶部。腹部滑橇包括一个坚固的铸造件，垂直安装在前后两个支架上，由一个油气震动吸收器作为阻尼器（零件编号 Elma 8-2475 A-1，75 个大气压）。震动吸收器的运动位于一个

鞘状结构内，该结构连接在安定面的 6 号翼肋下方。由于扭转荷载很大，两个支架的连接点经过加宽。支架旋转连接点与前后翼梁相接。震动吸收器安装在安定面内，与后翼梁相连。滑橇有一个钢帽，如果损坏可以更换。

两个垂直安定面的总面积为 3.08 平方米，方向舵的最大偏角是左右 24 到 26 度。腹部方向舵与背部方向舵有较大区别，它的整个后缘宽度都是配平片。

梯形的水平尾翼翼展 5.8 米，面积 7.63 平方米，翼型还是 NACA23012.5。升降舵向上运动范围为 29 至 31 度，向下 21 至 23 度。飞机手册的平尾相关内容如下：

水平安定面包括两个安装在后机身左右的组件，两个组件大致相同。

水平安定面：包括 2 根翼梁，有 12 根翼肋，杜拉铝蒙皮，前缘是固定的。安定面尖端用螺栓固定在 12 号翼肋上。两边的安定面相同，大致安装在 21 号和 22 号隔框正中间，以 4 个凸缘式连接点相连。两个安定面的安装角可在 0 度到 +5 度之间调整（地勤手动进行），正常位置是 +2 度。

升降舵安装点栓接在第 1、7、12 号翼肋上。安定面-机身连接处有整流罩。在改变安定面安装角之后，整流罩必须调整。每个安定面都有 2.5 度上反角。在几乎整个安定面前缘都有电加热除冰器。

升降舵：包括 1 根主梁，1 根辅助梁，18 根翼肋以及杜拉铝蒙皮。在机身内的部分，升降舵是管状，控制连杆以操纵杆形式连接，同时作为行程限制器。控制面的尖端以螺栓连接在 18 号翼肋上，可以拆卸。升降舵偏角大小受第 22 和 23 号隔框中间的结构限制。后缘有两种不同的配平片。一种是包括一个补偿片，从 11 号翼肋到 18 号翼肋，在操纵面内部有控制杆。还有一个配平片，从 9 号翼肋开始，它的双控制杆在升降舵内部。注意！右侧两种配平片都因为特殊原因禁止使用！（控制杆拆除，控制面固定在升降舵上）

另一种是左侧升降舵上有平衡和配平片，宽度从 11 号翼肋到 18 号翼肋。右侧升降舵上只有补偿片。补偿片的两个控制杆都在升降舵内，配平片的控制杆通过中空的升降舵轴连接到机

身内。每侧升降舵通过三个点安装，1 号翼肋固定，12、18 号翼肋可动。支架铆接在安定面上。

补偿片控制杆在第 2、3 号升降舵安装点位置。升降舵前缘有铸铁配重。

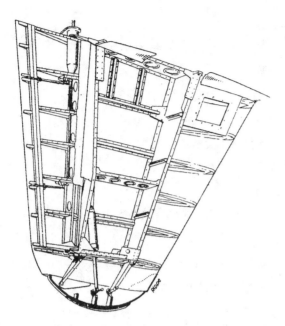

下垂尾结构示意图。

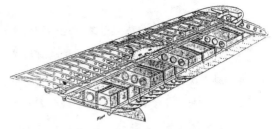

平尾结构示意图。

主翼

Do 335 的主翼是梯形悬臂式机翼，翼展 13.8 米，翼面积 38.5 平方米。翼型是 NACA23012-635，机翼展弦比为 5，前缘后掠角 13 度，上反角 6 度。机翼的核心部分是一个盒状翼梁，中心位于机翼弦长的 33% 处。翼梁通过机身内的机翼支架连接在机身上，以这种方式将机翼施加的大部分载荷传递到机身。每侧机翼通过 35 个螺栓连接到支架上。

道尼尔放弃了久经考验的经典双翼梁结构，改用盒状翼梁，这种设计的主要优势是即使在维修时拆掉主要组件，例如机翼前缘或后缘，机翼仍能维持强度。翼肋连接在这个盒状翼梁上，组成机翼的气动外形，表面再包裹承力蒙皮，蒙皮厚度为 1.5 毫米。

早期测试飞行中，飞机一度表现出严重的气动问题，汉斯·迪特勒报告说飞机的失速特性不可预料，失速即将到来仍无任何预警。后来进行了测试飞行，以确定气流分离点。测试时在机翼上安装了毛簇，最终发现气流分离点在襟翼和副翼之间。分离方向先朝向机身，但随着攻角增大，开始向外移动。问题的解决方案是在机翼前缘安装 4 个扰流片，由金属条制成，长度 67 厘米，宽 7 厘米。虽然它们的外观

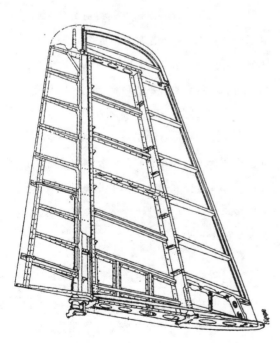

垂尾结构示意图。

不怎样，但效果极好，以下是关于这一部分的报告："所有类型失速的操纵特性都可以接受了——爬升、转弯、滑翔。基于对毛簇的观察，沿着机翼前缘的气流正常，即使在失速的情况下。没有扰流片时，气流分离先在靠近机身处出现，然后迅速向前移动，接着突然沿着整个前缘到外翼段。"

这个解决方案后来应用到了量产型飞机上。

副翼是全金属组件，同时起到襟副翼的作用，可在降落时放下，此时两侧副翼可下偏6到8度，两侧下偏角度差异最大3度。作为副翼使用时，上下运动角度是19度至21度。整个操纵面的面积是2.5平方米，由连杆控制。

飞机手册第三部分的描述是这样：

> 两个嵌入式安装的副翼，从主翼的第14号翼肋延伸到第26号翼肋。它们包括1根主翼梁、1根辅助翼梁、翼肋，由杜拉铝蒙皮包覆。副翼铰接在3个地方：在第14、20、26号翼肋的辅助翼梁上以特殊支架连接。第1、3号安装点是活动的。
>
> 副翼的偏转限制器安装在机身内翼梁后表面的曲柄位置。因为它们与降落襟翼连接，副翼可用于协助降落和起飞。
>
> 副翼后缘有一个配平/补偿片，从1号翼肋延伸到11号翼肋。副翼前缘有铸造铁，提供必要的平衡配重。

襟翼面积为3.6平方米，电动运作。起飞时下放角度在29至31度之间，降落时则为49至53度。两侧襟翼的下放角度偏差最大为3度。在襟翼的第12号翼肋位置有一个联轴器，可将襟翼与副翼推杆相连，让副翼起到襟副翼的功能。襟翼的蒙皮厚度比主翼薄，只有0.5毫米。

飞机手册第三部分关于襟翼的内容是：

> 位于机身和副翼之间的主翼后缘，但安装更深入主翼，从第3号翼肋延伸到第14号翼肋。内部结构包括2根翼梁和相连的翼肋，完全以杜拉铝蒙皮包覆。
>
> 前缘是开放式设计。总的来说形状和副翼一样。副翼前缘铰接在3个连接点，铰链在主翼辅助梁的第4、8、14号翼肋位置。倾斜液压油控制杆位于第2个铰接点旁边。襟翼与副翼控制连杆相接，这样副翼也可以在起降时作为辅助补充，联轴器位于襟翼第12号翼肋。
>
> 在联轴器旁边是襟翼系统开关。铰接点1号和2号是活动的，3号是固定的。

关于 Do 335 的结构强度，在 1944 年 7 月 4 日的技术说明 1582 号中有如下说明："起飞重量9600公斤。爬升和战斗功率下，允许的最大真空速为地面高度600公里/小时，8700米高度835公里/小时。在俯冲时，最大指示空速为900公里/小时(在地面高度)。"

暂无文件可说明 Do 335 的设计载荷系数是多少，由于它是高速轰炸机，可能会比战斗机的标准低一些。

机翼内还有大量设备，包括以下这些：左翼内20升液压油储存箱、两侧机翼前缘油箱、两侧机翼内都有飞行员氧气系统使用的球形氧气瓶、左翼外段的主罗盘、左翼前缘两个着陆灯、左翼翼尖的空速管、副翼和襟翼的操纵连杆、起落架作动汽缸和支点、左翼翼根内储存的折叠登机梯。

已经完工的主翼，没有安装操作面和翼尖。

中央机翼连接点。

完整的盒状翼梁。

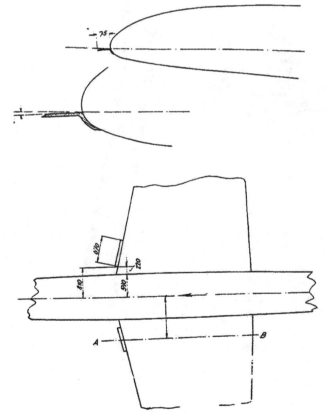

扰流片位置示意图，以 V1 号原型机为例。

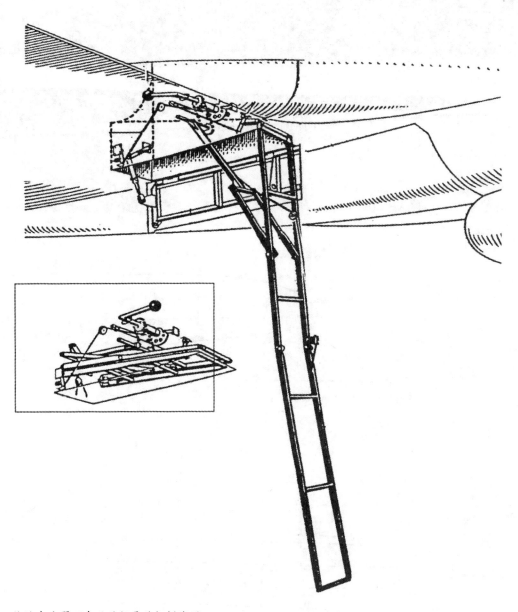

收纳在左翼下表面的折叠登机梯线图。

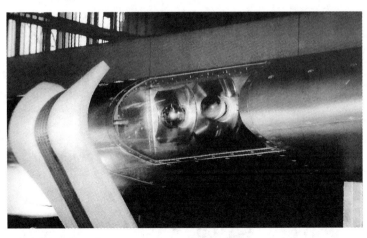

位于左翼前缘的着陆灯。

控制系统

Do 335 是德国空军速度最快的活塞飞机，道尼尔的设计师必须提供相应的操作系统，飞行员才能在各种速度下有效控制飞机。为了达成这个目标，道尼尔设计了一种可变输入系统，允许在正常和高速飞行之间进行调节。这是一套在当时颇为先进的助力系统，它所使用的设备安装在弹舱内。

一本技术手册描述了这个系统："为了调整杆力和操纵杆位移，以配合在正常和高速飞行情况下不同的操纵面受力和位移，安装了一套电气-液压传动的可变输入系统，在 7 号隔框的升降舵、方向舵、副翼操纵连杆摇臂上。正常挡位是给 200 ~ 400 公里/小时速度范围设定的。只有在紧急情况下，允许在起降时使用高速挡位。高速挡位建议在急转时使用，可以减小杆力。座舱左侧面板上有拨动开关，用此进行选择。切换点在大约 400 公里/小时。紧急情况下，可以用压缩空气切换回正常档位：主仪表盘下左起第三个开关。"

飞机手册第九部分有更为详细的说明，规定的切换速度有所不同：

控制转换系统的目的是通过调整杆力和位移，来适配正常和高速飞行时不同的操纵面受力和位移。

指示空速达到大约 560 公里/小时的时候进行切换。切换过程从线路中电磁阀操作的开关开始，位于弹舱前隔壁，7 号隔框位置。它是电动控制，由作动器两端的两个开关提供自动切断功能。飞行员的电动开关有两个位置选择"低速飞行"和"高速飞行"，位于左侧控制面板。没有计划安装位置指示器。

作动器位于弹舱前方，它的活塞杆连接在控制连杆开关上。推动时，控制连杆连接点移动到尽头位置，将传动比例固定在升降舵 1∶0.5、方向舵 1∶0.6、副翼 1∶0.7 上。作动器活塞在两端进行机械锁定。从"低速飞行"到"高速飞行"或者反过来切换需要的时间大约为 0.5 秒。

操作：将选择开关放在"高速飞行"位置，电磁阀开关移动到位置 3。此时液压油流向作动器底部，作动器内的活塞解锁，带着操纵连杆向上移动。与此同时，汽缸内电动端开关放下，让选择开关可以回到"低速飞行"位置。作动器活塞运动将液压油通过往复阀排出。活塞自动在汽缸头位置锁定，与此同时电动端开关停止，意味着电磁阀开关回到位置 1，系统停止运动。

从"高速飞行"向"低速飞行"切换：将

选择开关移动到"低速飞行"位置，电磁阀开关运动到位置2，将液压油注入作动器汽缸顶部。接下来的过程与从"低速飞行"向"高速飞行"的切换类似。

手册还描述了双座型教练机的情况："后座舱拥有全套升降舵、方向舵、副翼控制，包括配平控制。方向舵踏板不可调节，座位可根据身材调节。"

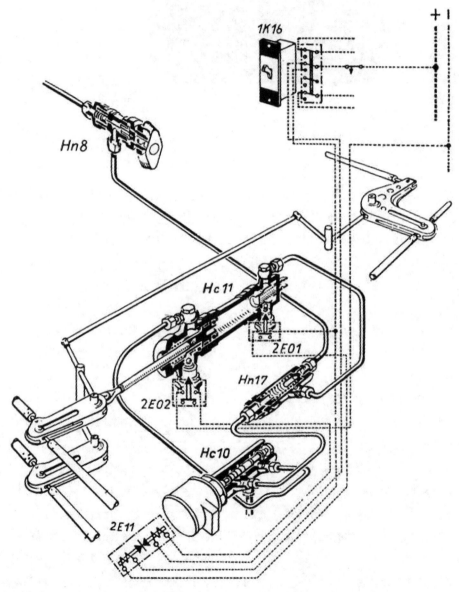

可变操作系统。1K16为飞行员的选择开关；2E11为连接选择开关的电磁阀开关；Hc10为电磁阀操作的切换开关；2E01为"高速飞行"终端开关；2E02为"低速飞行"终端开关；Hn17为往复阀；Hc11为作动器汽缸。

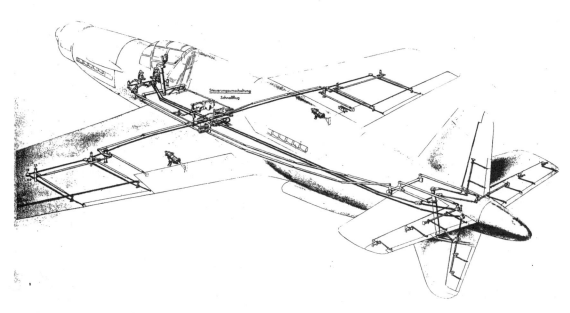

全机控制系统布局示意图。

主翼的操纵面近距离照片。

主起落架

由于 Do 335 本身尺寸较大，轮距也达到 5584 毫米。主起落架包括两根液压收放的油-气减震器。减震器活塞在汽缸内有抗扭连杆导向，连杆安装在起落架支柱后方。减震器的最大行程为 310 毫米。起落架支柱与翼梁上的旋转支架相连。起落架支柱由折叠支柱进行横向支撑。

飞机的液压系统一开始就是个毛病源头，设计师算错了液压油缸的尺寸。很快，测试发现整套系统需要额外 20 巴压力，才能确保起落架正常收起并锁定。最初改进计划是直接换一个更大的液压油缸，然而飞机的空间不足。于是改成两个液压油缸同时传动，第二个只在收

起起落架时使用，因为放下动作需要的压力比较小。于是这个液压油缸被称作辅助油缸，安装了一根拉线，通过导辊连接到收起机构上。

V1 号原型机的轮胎尺寸为 935 毫米×345 毫米，后来的飞机改成了 1015 毫米×380 毫米。在收起时，整个起落架完全内藏于起落架舱中，由轮胎整流罩和支柱整流罩包覆。根据 1943 年 1 月 11 日的重量表，主起落架有 485 公斤。而在后来的飞机重量表上，例如 A-0 型的，起落架重量增加到了 510 公斤。

起落架正常收起时间为 18 秒，放下时间为 12 秒。正常收放速度为 270 公里/小时，如果收放时间较长，最大允许速度可增加到 370 公里/小时。起落架应急动作时间最长需要 1 分钟。

飞机手册第二部分详细解说了主起落架：

主起落架包括两个相同的组件，所以在这里只描述一个。组件的设计思路是让它们可以装在左边或右边。起落架设计是单支柱型，有一根后支撑支柱，以及向机身的双折叠支柱。它悬挂在机翼下面的翼梁下，向 3 号和 12 号翼肋之间的起落架舱收起。

强力油-气减震器（编号 ELMA 8-2386，B-2a 或 B-2b，最大压力 32 个大气压，310 毫米行程）由一个安装在铸造件上的旋转支架连接，这个铸造件安装在 12 号翼肋处的主/辅翼梁上。机轮支座栓接在减震柱活塞上（2 根贯穿螺栓）。机轮，以及 1015 毫米×380 毫米的轮胎，在连接支座的轴上旋转，安装有双刹车。轮子两侧由凸缘轴固定。内侧（机身侧）通过 2 根贯穿螺栓连接（用于更换轮胎），外侧凸缘永久性固定在机轮支座上。轮轴通过一根贯穿螺栓安装在支座上。机轮导向则是通过朝后的抗扭连杆进行，连

杆安装在机轮支座和减震柱汽缸上。轮距为 5584 毫米。在放下状态时，横向由前面提到的折叠支柱支撑，前后方向上由一根支柱支撑。两根折叠支柱平行安置，支撑在顶部，另一端连接在减震柱汽缸前后的旋转支点上。折叠支柱从大致正中的地方向上折叠，安装有可调节螺栓，以便与锁定支柱对齐。后侧折叠支柱与支撑支柱安装在同一个旋转支点上。为了收放，折叠支柱连接在 12 号翼梁的旋转支架上。

起落架舱以多段式起落架舱门覆盖。内侧部分覆盖机轮下半部，连接在机翼下表面。在收起落架过程中，它使用凸缘轴和控制连杆上的钩子关闭，关闭时用两个弹簧锁自动锁定。起落架舱门的主要部分永久连接在起落架上，在机轮支座上有移动导轨，起落架收起时自动关闭。一个较小的三组件，弹簧控制的活门遮盖剩下的起落架连接点小

口。起落架收放依赖于一个 SA 液压汽缸，编号 19-2408.325C（直径 325 毫米）。它安装在机翼内的起落架连接点上，活塞连接在起落架腿上，以锁定轴与双折叠支柱相连。锁定轴引导折叠支柱的放下和收起动作。当起落架在放下状态时，液压汽缸应自动锁定，但因为锁定轴的设计，折叠支柱会吸收冲击力。锁定轴的停止状态可调节。

关于所谓的辅助收起机构，手册第二部分有说明：

设计了一个辅助收起机构，协助收放汽缸收起起落架。系统包括一个 FO 液压汽缸（直径 420 毫米）和一根拉线。这个汽缸与收放汽缸同时运作。它只向收起方向运行，与起落架腿的外侧相连接。在活塞上有一个拉线用的补偿辊，在两个导轨导向下朝所需方向转动。拉线另一头连接在支撑支柱同样的固定点上。

当起落架收起之后，起落架舱顶板上的一个锁定钩会抱住减震柱活塞，将起落架锁定到位。

关于刹车系统，前轮没有刹车，主轮有双刹车，意味着车轮两侧都有制动底板。它们是 ELMA 夹紧式制动器，由凸缘连接在轮轴上。刹车由液压作动，是总液压系统的一部分。它由 25 个大气压的液压管连接，安装在左侧起落架舱内。

正在组装的机翼和起落架，从这个角度可以清楚地看见起落架结构和起落架舱。

前起落架近照。

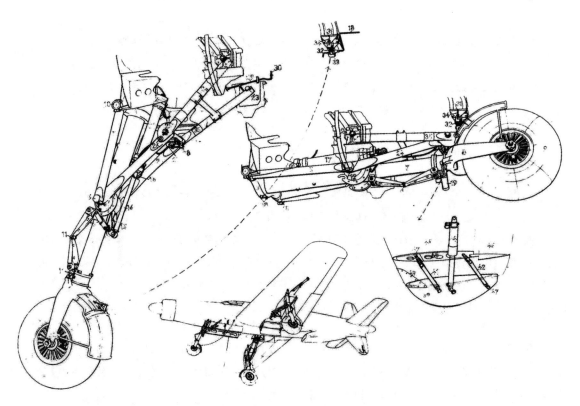

绘制于 1944 年 8 月的图样，整个起落架系统还包括下垂尾尖端的滑橇。

前起落架

Do 335 的推进发动机使得它难以使用传统活塞飞机的后三点起落架。此时很少有德国飞机使用前三点起落架，大洋彼岸的美国倒是有很多型号配用前三点式的，例如战斗机里有 P-38、P-39、P-61、P-63、F7F，轰炸机里有 B-24、B-25、B-29、运输机里有 C-54、C-69。

其他国家，不仅是德国，还有英国、苏联、日本、法国等，使用前三点起落架的进程都比较慢。德国到了战争中期才开始推广这种形式，Ta 154、Me 262、Me 264、He 162、He 219、Do 335 都是前三点起落架。

Do 335 的前起落架在飞机发展过程中更改了多次。在 V1 号原型机上，前轮尺寸为 685 毫米×250 毫米，没有配备刹车。前轮连接在一个叉形支架上。减震器的行程达到 400 毫米，高得不正常。两个可旋转的起落架支座安装在 1 号隔框上。起落架本身用液压收放，前轮直接向后收起。前起落架舱在发动机正下方，由两个安装在侧面的舱门封闭。

B 系列飞机的前轮有所改动，首先是叉形支架变成单侧支架，前轮尺寸加大到 840 毫米×300 毫米，加装了刹车。减震器活塞由支柱前方的抗扭连杆引导。在收起时，前轮要旋转 45 度，再侧身进入起落架舱。前起落架支柱由折叠支柱控制收起，有一个液压汽缸给啮合齿轮段提供动力。

同样，飞机手册第二部分解说了前起落架："前起落架位于前发动机下方，与主起落架相同，它也是单支柱型。它包括一个油-气减震器

(编号 ELMA 8-2387A-1，行程 400 毫米)，两侧有支撑，前轮在叉形支架上，还有一个折叠支柱。"

减震器压力为 13~15 倍大气压。支柱和减震器都连接在 1 号隔框，一起运动。折叠支柱安装在 2 号隔框上。前轮井位于座舱下方，由折叠舱门封闭。

支柱顶端有一个吊环，两端连接侧面支撑柱，支撑柱安装在 1 号隔框的左右安装点上。侧面支柱和折叠支柱连接在起落架支柱下侧的同一个凸缘架上。

叉形支架安装在起落架支柱低端，用 3 个开口销螺栓连接。在支柱前方由抗扭连杆，用于引导减震器活塞。

轮叉的颈部安装在可自由旋转的导向环上，由弹簧室支撑，同时弹簧室作为颤振阻尼器。弹簧室也在导向环上，安装在轮叉左侧，可随着转向。前轮可转角度为 38 度。

计划中的锁定装置现在还没有安装。

机轮有一个挡泥板，同时收回锁定销也在这里。

前起落架使用的液压汽缸安装在 1 号隔框上，连接旋转支座，另一头通过锁定轴连接在起落架支柱后侧。在收起动作开始时，锁定轴上的一个引导叉开始收起折叠支柱。

在放下动作时，引导叉让折叠支柱展开并锁定到位。在这个位置上，折叠支柱也会受力，减小液压汽缸的载荷。

支撑支柱是 V 字形，折叠支柱的下半部是两根平行的支架，上半部分也是 V 字形，有一根横向撑架。起落架收起时，它们向下折叠。折叠支柱大约正中的位置是铰接点，由一根横轴连在一起，起落架展开时的液压锁定机构也在这里。锁定机构包括一个控制汽缸，有角度

杠杆和带导向管的锥形螺栓，用于卡住折叠支柱的锁紧凹槽。

在收起位置，前轮支柱的锁定机构(在挡泥板上)会被起落架舱顶部的锁定器抱住，以锁销固定。减震器汽缸不再有负荷。在放下起落架时，锁定装置液压解锁，或者紧急情况下由压缩空气驱动的拉线操作。

起落架收起时，两个纵向分开的起落架舱门盖住起落架舱。舱门上有叉架和导轨，会与折叠支柱上的加紧装置卡合，让舱门在起落架支柱收起后关闭。

有两个止动器让前舱门停下。而在起落架放下状态时，开关机构的止动杆维持舱门的位置，前方的停止叉架与支撑支柱相连。

起落架展开和收起都由液压驱动，电力控制。系统在所有三个起落架锁定之后自动关闭。控制开关位于控制面板左侧，训练型号上后方座舱的副开关也位于控制面板左侧，有空挡位置。只有在后座开关处于空挡位置时，前座才能使用起落架开关。可以紧急放下起落架，依赖液压系统中的压缩空气，开关在主控制面板左下方。在紧急情况下，应当首选起落架操作，或者次选(首选弹舱门时)。一个特殊的压缩空气解锁系统可以加速起落架操作。

三个起落架都有放下/收起和锁定状态指示灯，位于控制面板左侧。在电气系统失效时，座舱地板右侧有闪光指示灯，左右机翼上表面有可视指示器。

DB 603 发动机

Do 335 的发动机布局是全机最为独特的一部分，道尼尔需要克服很多障碍才能将飞机变成现实。而仅仅飞机布局独特是不够的，它必

须要有功率充足的发动机，才能真正达成高性能。

鉴于 Do 335 的设计目标是尽可能减小阻力，那它基本不可能使用风冷发动机，首选方案是奔驰和容克斯的液冷发动机。在项目开始的1943 年，各飞机公司普遍看好奔驰公司，道尼尔也是这样。

奔驰主要有两个大系列液冷活塞发动机，DB 601/605 和 DB 603，前者排量较小，主要用于 Bf 109/Bf 110 系列战斗机，从 1937 年到 1943年已经生产了超过 19000 台。后者是 DB 601 的放大版，由于尺寸的问题，比较适合较大的轰炸机使用，或者作为"动力蛋"组件的核心，让原本使用 BMW 801 的飞机改装它。

DB 603 的历史可追溯到 1936 年，最早安装这种发动机的是 T80 汽车，奔驰准备用来创速度纪录的车型。它是一种倒置 V 型 12 汽缸布局的发动机，排量达到 44.52 升。同年，奔驰将技术指标发给帝国航空部，航空部的反应是积极的，允许继续发展，但并没有真正的兴趣，当时这种发动机也没有合适的飞机可装。后来航空部甚至由于预算超标而不再给 DB 603 提供资金，这段时期由奔驰公司自费继续研发工作。

1939 年，航空部收到 DB 603 项目报告，仍然不是很感兴趣，甚至考虑允许奔驰出口这种发动机。几个月后，航空部又改变了主意，要求尽快开始生产 DB 603，在 1940 年 2 月份发出了第一批 120 台订单，至此 DB 603 终于转正。

DB 603 大致可看作一台扩大的 DB601，而后者的排量为 33.9 升，相当于多了 31% 排量。作为整个系列的基础型号，DB 603A 于 1942 年5 月开始生产。在同时期里，DB 605 也投入生产，经过 DB 601 到 605 的大量改进之后，DB 605 在细节上更先进，与 DB 603 的功率差距也缩小了很多。

当时主力战斗机 Bf 109 和 Bf 110 有大量发动机需求，这让奔驰公司将生产和改进重心放在较小的 DB 605 上。相对的，DB 603 做了很多改进计划，从 1941 年至 1945 年至少出现了 36种改进型，但能投产的没几个。

随着时间推移，更高功率级别的 DB 603 变得重要起来，因为新飞机对发动机功率需求越来越大。但到了 1944 年，新飞机（即 Ta 152 和Do 335）准备投产时，重要的改型都没准备好，此时奔驰已经没有多少时间继续研发和准备新型号。从结果来看，生产出来的 8758 台 DB 603发动机大部分是 A 型，还有少量 AA 和 E 型，其余型号只有原型机。

DB 603 发动机的汽缸直径为 162 毫米，冲程 180 毫米，12 个汽缸以 60 度夹角倒 V 型布置。每个汽缸有 2 个排气门和 2 个进气门。为了留出轴炮空间，增压器放置于发动机左后方。A型的起飞和应急功率为 1750 公制马力/海平面，1620 马力/5.7 公里临界高度。E 型增强了高空性能，临界高度略微提高到 6.3 公里，最大功率则没有明显提升。但若能配用性能更好的 C3汽油，再加 MW50 系统的话，最大功率可提升到 2400 公制马力。在 Do 335 生产开始时，搭配的发动机即为 DB 603E 型，Ta 152C-0 系列也预定使用这个型号，因为此时奔驰只能量产 E 型。

后期计划是改用二级增压的 DB 603L/LA，以满足帝国航空部对空战高度增加的预期。但L/LA 型最终没能投产，停留在原型机阶段，而且 C3 汽油一直供应给使用宝马发动机的Fw 190A 使用，在这个系列被大部分替换掉之前，液冷发动机的飞机只能使用性能较差的 B4汽油。

DB 603 和容克斯的 Jumo 213 通常都以"动

力蛋"形式安装，虽然在 Do 335 上只有前发动机能这样做，这种设计可以让地勤在 20 分钟以内更换发动机。奔驰公司在 1944 年末交付了 DB 603LA 型的整体动力系统，在 Do 335B 上进行前发动机测试，当然此时飞机和发动机都是原型机状态。

施瑞威斯提到过 Jumo 213，他也知道容克斯发动机在 1944 年后来居上，实现了比 DB 603A/E 更好的性能，而且及时投产。实际运用中，Jumo 213 在 Fw 190D 上表现得不错。Do 335 实际也准备安装 Jumo 213，但时间上已经来不及完成重新设计。

Do 335A 的飞机手册第六部分讲述了发动机安装，内容大致如下：

Do 335 的前后发动机是戴姆勒-奔驰 DB 603E。如果没有这个型号的发动机，可用 DB 603A-2 替代。DB 603 是一种直列液冷发动机，有两排汽缸，60 度夹角倒 V 型布局。发动机配备了燃油喷射系统，（液力）自动变速增压器。喷射泵上有一个燃料混合比调节器，用于调整喷射混合比，它不受增压空气温度和飞机高度影响。前后发动机都顺时针旋转，但后发的倒置安装使得后螺旋桨逆时针旋转。空气-燃料混合气由两个 ZM 12 CR8 型磁电机点火。整个点火系统有电磁保护措施，以防干扰无线电。点火时序是自动的，不受油门杆位置影响，由一个凸轮控制。控制面板上有双磁电机的点火开关。启动发动机时，需要由启动器产生电流，通到磁电机上。现在前后发动机的启动都是纯电动（博世生产的启动器），但以后会改为汽油-电动混合（维多利亚-里德尔公司的产品）。博世启动器配备了标准的 AL SCG 24 DR-2 电动惯性起动器，这个启动器让地勤无法手摇启动发动机。

电启动开关有一个铰链盖保护，位于控制面板上。按下开关切换到启动电机上，拉动开关开始启动（以及磁电机）。维多利亚-里德尔启动系统装备的是汽油-电动启动器。

动力源为一台 2 缸 2 冲程汽油机，可以输出 10 马力（最大 1 分钟），这台发动机本身由一个小电动机启动，从控制面板操纵。汽油启动发动机有它自己的冷却风扇散热。汽油发动机转速达到预设最低转速后，会通过一个离心离合器传动到飞机发动机上，从而启动发动机。

发电机传动右侧安装了一个分油器，将滑油和发动机滑油线路上速度较快的带泡沫滑油隔开。一个钟形离心盘高速旋转（2.28 倍曲轴转速），将滑油内的泡沫分离出去，泡沫和滑油的重量不同，就可以利用离心力。滑油从流入离心盘之后，较重的滑油从周围分离，泡沫留在中间。然后泡沫会流向一个特殊收集器，等待处理。滑油从循环系统吸出之后，通过齿轮泵再度加压，穿过分油器再度回到发动机。分油器另外有一套传动系统，连接着液压系统的压力泵。

DB 603E 发动机与 DB 603A-2 发动机的区别是点火时序不同，由一根位于动力控制组件下的控制杆操作。控制杆移动到最后端时，点火提前角最大，为 30 度（外界气温 -20 摄氏度时），或 20 度（外界气温 -10 摄氏度时）。正常点火提前角时，控制杆位于垂直（向下）位置。

从侧后方看 DB 603 发动机，左边的黑色蜗壳状物是增压器。

DB 603A 发动机，大部分 Do 335 装的是这个型号。

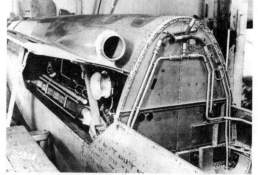

前发动机的"动力蛋"结构和装上整流罩之后的状态。

正在安装后发动机的机身以及装上蒙皮后的状态。

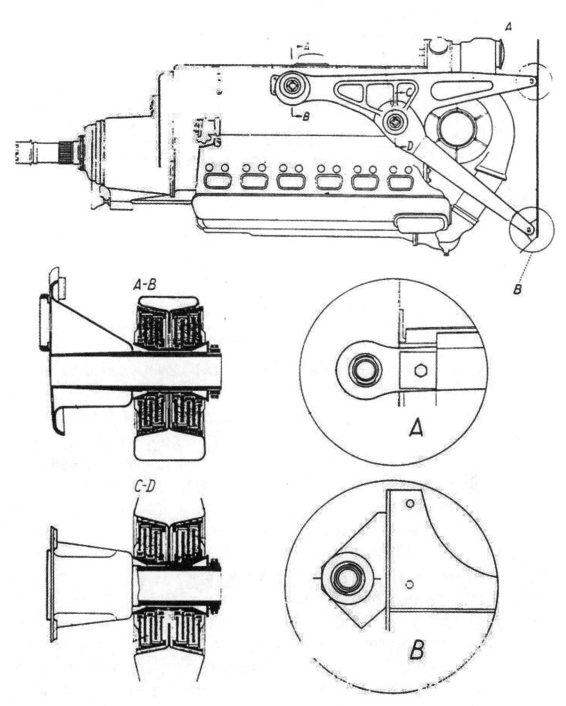

前发动机的支架线图，其中 A、B、C、D 是减震支座。

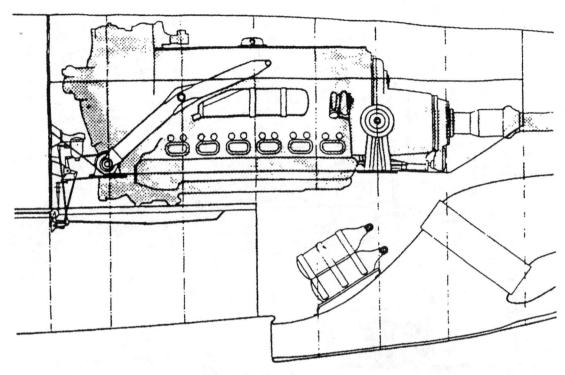

后发动机安装状态图，它的支架与前发动机不同。此外也可看到散热器和滑油散热器进气通道分叉。

前发动机

前发动机安装在两个三角形发动机支架上，支架则连接在前隔框的球窝接头上。环形散热器和滑油散热器安装在螺旋桨传动机匣周围，散热器本身由一圈整流罩和散热片组成。

冷却空气会先流过螺旋桨和环形发动机罩之间的区域，环形整流罩和螺旋桨中心有一段距离，留出足够的空间让空气进入。然后空气通过散热器带走热量，再从可调散热片流出。散热片用液力操作，由恒温器自动调节开关。恒温器的运作范围可以在座舱内调节。调节系统不仅可控制散热温度，还能控制温度范围。

散热器和滑油散热器的散热片都通过恒温器控制，恒温器本身位于冷却液入口。1 号隔框同时也是发动机防火墙。前发动机的应急供油切断阀门位于仪表盘下方(4 号隔框)。

发动机传动轴右侧栓接了一个辅助传动轴。这个传动轴用于机枪协调器以及相关的偏差测量设备。协调器安装在传动轴后方，测量设备则在传动轴前方。

螺旋桨(前)

前螺旋桨直径 3.5 米，直接与发动机传动轴连接。当前暂时安装的是 VDM 的标准变距螺旋桨，而后继研发完成时，将换用快速变距螺旋桨(即梅塞施密特的 P8)。这个螺旋桨会有手动快速变距功能，允许操作桨叶到特殊减速位置(负桨距)，以每秒 60 度的速度变距。这个流程可由一个切断开关停止，开关还能对螺旋桨进行限制。把开关从"减速位置"切换到"飞行位置"，螺旋桨对应回到正常桨距。快速桨距控制由正常的电动自动变距和手动控制变距组合。现在安装的 VDM 变距桨是自动变距，在控制面板上的开关切到"自动"之后，机械自控系统会基于输入的发动机转速来调节桨距。手动控制

也是可能的(变距速度大约每秒 2 度)，在开关切到"手动桨距"之后。有一个电动的坡度计，让飞行员可以监控螺旋桨位置。滑翔位置(顺桨)只能在开关位于"手动"位置时切换。

DB 603A 发动机手册里包括如下内容：

曲轴的发动机动力通过正齿轮减速器传递到螺旋桨上。螺旋桨的桨距控制器安装在发动机端轴上，它的机匣凸缘式安装在减速器机匣上。桨距控制器包括两个主要组件：

齿轮箱，用花键轴安装在发动机端轴上，以一个螺帽固定。在机匣和固定太阳轮上旋转的是中间轮，再加上端轮，与减速器的联轴器安装在一起。

外传动机匣和行星轮，还有行星臂、正齿轮传动，向行星臂传递动力。

螺旋桨毂安装之后，螺旋桨轴的外花键和桨毂的内花键咬合，把桨距传动和桨毂耦合在一起。从发动机机匣流过来的滑油注入桨距控制器机匣。齿轮通过空心齿轮箱上的润滑孔获得滑油。滑油向下流动，在正齿轮减速器下方有一个滑油座回收滑油。

滑油座在安装凸缘上有特殊油封。从传动前方返回的滑油由 2 个活塞环和 2 个垫圈密封。

前文已经多次提到，Do 335 项目准备使用梅塞施密特 P8 螺旋桨。1944 年 6 月 30 日，航空部开了一个会，记录里有以下内容：

福伊希特(Feucht)："去年夏天签署了 MP8 螺旋桨合同，给 VDM 巴黎工厂，还有梅塞施密特。巴黎的生产预定在今年秋季开始，但已经拖迟到了 1945 年 1 月……预定在 Do 335 上使用这种螺旋桨。数字比需求的更多一些，允许有点挫折，比如损失一个生产厂，也许是巴黎。不幸的是，螺旋桨仍然有些技术问题。更不幸的是，10 月对 VDM 的空袭摧毁了我们所有的螺旋桨，包括给测试中心用来测试的。很快新的螺旋桨就可以用于飞行测试了。还有关于震动的抱怨……这个螺旋桨可以在降落时快速改变桨距。按照计算，Do 335 的降落距离可以减少50%，在没有前轮刹车的情况下。"

米尔希："这东西万无一失吗？"

福伊希特："可以说结果是好的，但不算万无一失。很多人在为此工作。确定有两个原型机已经停止使用了。"

彼得森："我们特别需要这种螺旋桨安装在219 和 335 上，它们都是前三点起落架，否则会因为夜间停不住导致很多事故。在夜间和白天都是……"

最终的结果是，P8 螺旋桨没能量产装机，巴黎工厂很快就丢给了盟军，而且也没有其他工厂接管生产。

排气系统(前发动机)

前发动机的每侧有 6 个排管，即每个汽缸对应一根。排管连接在汽缸排的中空钢制整流罩上，还与火花塞冷却系统相连。钢制整流罩安装在汽缸排气口上。排管本身以双头螺栓与

整流罩相连。排管自己还有一个整流罩，同时也是排管周围的蒙皮，在 4 个位置与发动机连接，上方的两个连接点与曲轴箱和后耳轴销相连，下方的两个连接点在凸轮轴盖上。

在整流罩内部，有一根后方封闭的通风管，以两个环形夹固定。每个火花塞旁有一个开孔。冷却空气从前散热器底部的一个接口进入，从开口流过火花塞和火花塞电线连接点，防止它们过热或碳化。进气口和通风管用一个挠性软管连接在散热器内环上。排管整流罩正面的接口同时用于冷却排气口。飞机在飞行时，发动机组件的空气被吸出，从排管向外排出达到降温效果。

还有一些资料表明，发动机排气系统正在改装一种消焰器，用于压制排焰闪光，以便夜间飞行。但 Do 335 消焰器的具体形式还不明确。

发动机支架 (前发动机)

前发动机安装在两个三角形支架上，支架与防火墙上的铰接式连杆支柱相连。发动机安装销栓接在曲轴箱上的铸造连接点上。

每个发动机支架包括两个压制空心组件，焊接在一起。焊接完成之后，支架要进行一次热处理。

发动机支架的中空接口安装有吸收震动用的金属和橡胶支座。每个中空接口和金属和橡胶支座的尺寸完全一样，可以互换。

防火墙上的铰接式连杆支柱可调节。

三角形支架的支柱铰接在防火墙支柱中空接口上，由防火墙下方的连接点提供支撑。在新发动机支架上，支柱不是铰接的，而是固定安装。另外三角形支架和支柱在前后方向上不可调节。

后发动机

后发动机安装在 11 号到 17 号隔框之间，燃油滤清器位于防火墙上靠近发动机一侧。DB 603A 发动机的一端连接在一个环形支架上，连接着螺旋桨传动机匣，另一端以悬臂支架连接。环形支架和悬臂支架都以金属-橡胶轴承安装在飞机纵梁上。如果后发是 DB 603E，那么就没有环形支架，而是用凸缘销直接栓接在传动机匣上。

散热器和滑油散热器安装在隧道形式的机舱内，位于机身后下部。滑油散热器在其中形成一个独立的小舱。两个散热器排出的热空气由一个散热片控制，与前发动机相同，散热片是自动控制的，一开始由冷却液和滑油温度同时控制。虽然现在详情不明，大致是在散热片开合运作浮现问题之后，道尼尔将其改为仅由散热液温度控制。控制手段是 VDM 生产的液压-温度控制器。

传动轴

后发动机通过一根延长轴驱动螺旋桨，延长轴有两个支点，整轴中空以减少重量和增加强度。发动机凸轴上安装了钢制套筒，挤压成一个圆锥，连接带耳螺母。延长轴尽头安装了齿轮，与套筒内侧齿轮咬合，用带耳螺母固定，以限制轴承游隙。延长轴安装的齿轮是弧齿形式，在延长轴偏离轴心时避免卡死。此外，在耦合点外圈安装有橡胶套筒。

延长轴后侧连接点以类似的套筒形式安装，但这一端可以自由移动，让延长轴可以前后运动。后方套筒与螺旋桨轴相连，前座圈在套筒后方，这也是个滚柱止推轴承，由膨胀环密封，本身包括滑油进出口。

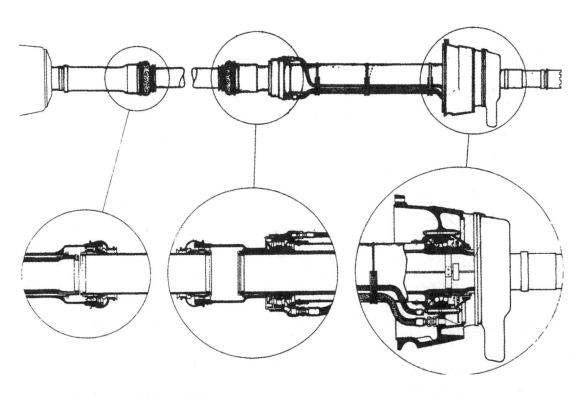

飞机手册中延长传动轴的解剖示意图。

传动轴和发动机相连的部分。

机尾的螺旋桨轴部分。

　　传动轴在一个保护套管内旋转，套管前后端铆接在支架上。

　　后座圈安装在第23号隔框上，是一个弹性支座，有一个特殊设计的双排滚珠轴承。前后两个座圈都固定安装，因为后套筒允许传动轴小幅度前后运动。后座圈机匣上有配油器和回油泵，给两个座圈提供润滑油，这两个附件由延长轴的齿轮传动。滑油从前轴承通过两根安装在保护套外的软管流入流出。

　　电动桨距控制器给桨距电机提供动力，以万向轴的形式安装在第20号隔框上。

螺旋桨(后)

后螺旋桨是标准的 VDM 三叶变距桨,直径 3.3 米。螺旋桨可以爆破抛弃,让飞行员安全跳伞。如果有必要,垂尾也可以抛弃。与前螺旋桨一样,后螺旋桨按照发动机转速自动变距。用控制面板上的开关,飞行员同样可以选择"手动桨距"。此时桨距可由选择开关右侧的拨动开关控制。前面提到的面板上的坡度计是双指示器,可显示前后螺旋桨位置。

后螺旋桨不会配备快速变距的减速功能,但同样在手动控制时可顺桨。

后螺旋桨抛射系统

后螺旋桨的抛射系统安装在延长轴末端,包括一个电子点火的炸药药筒和一个电流馈接。电流通过两个线圈感应产生,传导到延长轴内,通过一根杜拉铝管到药筒处。炸药安置在一个容器内,与延长轴末端相连。药筒和筒盖由一个主轴螺帽和弹簧垫圈固定,共同组成实际上的装药室。

线圈中的一个固定在传动轴的保护套管上,另一个安装在传动轴上,在抛射开关(位于左侧控制面板或电气开关箱上)打开后,它们产生电流,从而点燃炸药。炸药产生的火药燃气推动药筒盖向外运动,切断主轴螺帽的安全销。

安全销是主轴螺帽和螺纹套筒的切断点。当螺旋桨轴连接切断之后,螺纹套筒由一个锥形环分隔,气压作用于停止旋转的螺旋桨叶片,让它从传动轴上旋转脱落。整个步骤完成后,抛射成功,螺旋桨自由落地。

发动机支架(后发动机)

后发动机安装在左右两个悬臂支架上,具体情况取决于发动机型号,螺旋桨传动轴前有两个轴承座(DB 603E)或者在传动机匣上有一个环形支架(DB 603A)。

悬臂支架与发动机两侧的凸缘耳轴栓接。支架的下侧悬臂向外弯曲,用有弹性的金属-橡胶轴承支撑住发动机。

在最终的 DB 603E 版本上,传动机匣两侧连接着两个轴承座。由于 DB 603A 没有这两个侧面铸造件,只能用一个环形支架,利用已有的螺栓将发动机固定在传动机匣凸缘上。环形支架是椭圆形的,包括两根不同直径焊接在一起的管子。其胫部焊接在支架内圈上,用来和传动机匣凸缘连接,带有安装螺栓用的孔。两根支撑管带有扁平钢梁支架,焊接在环形支架较窄的两侧,支架同样有金属-橡胶轴承支撑。

排气系统(后发动机)

后发动机的排气系统与前发动机类似,但由于发动机方向朝后,对于发动机来讲,排管方向也是反过来的。同样每个汽缸一根,每侧 6 根排管安装在发动机钢制整流罩上,用螺栓连接。火花塞有一根通气管,从散热器前吸入冷空气,通过导管进入发动机给火花塞降温。排管整流罩前方也有开口,吸入空气给排管降温。发动机组件周围的空气利用压力差吸出机外,辅助性地给发动机降温。与前发相同,后发排管也计划要安装夜间使用的消焰器。

增压器(前后发动机)

DB 603A 的发动机手册描述了增压器的设计和运作模式:

增压器用于增加压缩空气的质量，从而增加汽缸的充量系数。结果是发动机性能的明显增加，尤其是在高空、空气密度导致发动机性能迅速下降时。增压器设计是一级离心叶轮，基本包括叶轮、增压器盖、机匣。叶轮由附件传动轴驱动，通过辅助传动轴和液力耦合器（液压油）。液力耦合的目的是渐进加速增压器，在地面以低速传动，在高空以高速传动。

因为这套液力传动系统，增压器的转速是可变的，这样可以在全高度最好地满足发动机需求。增压器后有一根连接管，可泄流空气用于特殊目的（例如油箱增压或通风）。液力耦合器的液压油由一个接力泵提供，由气压控制。增压空气则由一个进气压控制器

控制，直到临界高度位置。气压控制器位于增压器后方的进气管中，一根推杆将它与增压选择器（连接飞行员油门）连接，以此进行操作。这样可确保进气门之前的空气压力与输入值匹配。在 1、2（指 DB 603A-1 和 A-2）系列生产型发动机上，进气管弯曲处（进气压控制器和泄流板之间）有一个安全阀。如果因为俯冲或快速下降导致增压器超速，这个阀门自动打开，让进气压回到允许值。

增压选择器位于油门杆和增压控制板之间。这个设备的作用是确定任何油门杆位置对应特定的进气压，并在飞行中维持进气压，直到临界高度为止。

DB 603 的发展流程中使用过多种增压器，包括 DB 603A、D、E、G 使用一级机械增压器，DB 603L、N 使用的二级机械增压器，DB 603R、U 使用的废气涡轮增压器。各种测试型号配置了各式各样的增压器布局，但除了标准的一级增压以外，只有 L 型的紧凑布局二级机械增压准备量产。而 N 型还在设计初期阶段，只确定是二级机械增压，机械/液力混合传动模式。

按照帝国航空部对空战高度的预期，奔驰和容克斯都在开发二级增压发动机。这是由于增压器叶轮尖端不能超过音速，否则会产生激波导致能量损失，无法无限制地扩大增压器叶轮或增加它的转速。要达成足够的高空性能，二级增压器是必然的选择。

容克斯最终拿出来的产品即为 Jumo 213E，首先用于 Ta 152H 高空战斗机。奔驰在一系列失败的构型之后，决定投产 DB 605L 和 DB 603L/LA 这两种型号。一直使用奔驰发动机的

道尼尔也随着准备转用 DB 603L/LA 型。DB 603L 型将临界高度提高到了 9200 米，凭借飞机高速飞行产生的冲压效应，可进一步提高高空性能，如果实际安装到了 Do 335 上，飞机平飞的临界高度可超过万米。

实际上，早在 1944 年 5 月的时候，道尼尔公司就急迫地要求奔驰提供 2 台可用的 DB 603L 型，以尽快安装在飞机上进行测试。而在奔驰方面，原计划是从 1944 年 7 月开始交付新发动机，但他们很快就发现这不可能实现。接着奔驰公司采取了一系列手段试图加速发动机交付，首先砍掉了一些一级增压型号，例如 V9 号原型机使用的 G 型，其次是取消了 L 型的中冷器，准备先交付简化版 LA 型，仅靠 MW50 系统降低进气温度。但在采取这些手段之后，到战争结束前，奔驰仍没能量产 LA 型。所以使用加长机翼和高空型发动机的 Do 335 高空型只能停留在计划阶段。

发动机基础指标		
发动机型号	**DB 603A**	**DB 603E**	**DB 603L**
汽缸数量	12		
汽缸布局	60 度夹角，倒 V		
缸径	162 毫米		
冲程	180 毫米		
单缸排量	3.71 升		
总排量	44.5 升		
压缩比	1：7.5/1：7.3（由于两侧汽缸润滑不同，滑油较多的一侧更容易因为滑油进入汽缸导致爆震，压缩比就略微低一些）		
减速比	1：1.93		
气门	每汽缸 2 进气门、2 排气门		
点火顺序	1-11-2-9-4-7-6-8-5-10-3-12-1		
点火系统	博世 ZM 12CR 8		
启动器	不明	博世 AL-SGC 24 DR 2	
增压器	一级液力变速	一级液力变速	二级液力变速
曲轴旋转方向	逆时针		
螺旋桨旋转方向	顺时针		
性能指标		
起飞和应功率（海平面）	1750 马力	1800 马力	2100 马力
起飞和应功率（临界高度）	1620 马力（5.7 公里）	1590 马力（6.3 公里）	1750 马力（9.2 公里）
爬升和战斗功率（临界高度）	1510 马力（5.7 公里）	1490 马力（6.3 公里）	1480 马力（9.2 公里）
最大持续功率（临界高度）	1400 马力（5.4 公里）	1390 马力（6 公里）	1240 马力（8.6 公里）
燃料和附件		
燃料	B4 汽油	B4 汽油	C3 汽油
油耗（起飞和应功率，临界高度）	535 升/小时	520 升/小时	不明
油耗（爬升和战斗功率，临界高度）	465 升/小时	450 升/小时	不明
油耗（最大持续功率，临界高度）	410 升/小时	410 升/小时	不明

续表

发动机基础指标			
发动机型号	DB 603A	DB 603E	DB 603L
燃料喷射泵	博世 PZ 12HP 120/22	博世 PZ 12HP	博世 PZ 12HP
混合比控制器	EP/HB 52/9	不明	不明
燃料泵	埃里希 & 格雷茨（Ehrich & Graetz）ZD 500B 或 E，ZD 1000B	埃里希 & 格雷茨 ZD 1500A	埃里希 & 格雷茨 ZD 1500A 或 W
燃料泵性能	500 升/小时（ZD 500），或 1000 升/小时（ZD 1000）		
燃料压力	1.3 公斤/平方厘米	不明	不明
滑油消耗率	5~8 克/马力小时		
滑油泵	戴姆勒-奔驰齿轮泵		
螺旋桨桨距控制器	VDM 9-9538 V3E 或 VDM 9-14502 A-1		
尺寸和重量			
长度	2680 毫米	2705 毫米	2740 毫米
高度	1167 毫米	1167 毫米	1203 毫米
宽度	830 毫米	830 毫米	1008 毫米
干重	910 公斤	950 公斤	990 公斤
安装重量	1040 公斤	1080 公斤	1120 公斤

燃油系统

Do 335 有 3 个机内油箱，有保护的机身主油箱容量 1230 升，两个机翼前缘辅助油箱容量各 375 升，总内油量 1980 升。双座型的机身油箱较小，只有 355 升，总内油量只有 1105 升。

作战型号的燃料输送和转移情况：只有机身主油箱能向发动机输送汽油，每个发动机各有两根燃料管道与主油箱相连。主油箱上还有管道连接过滤器和辅助油箱，而辅助油箱盖上的输油管线上有电动油泵，可以协助发动机供油泵（总是开启状态）。油箱泵将辅助油箱内的汽油输送到主油箱内，然后才能输出给发动机。

这两个转移用的燃料泵在正常转速下的输出能力约为发动机消耗量的两倍。燃料泵开关位于主控制面板右侧。

训练型号的情况：只能通过主油箱输送燃料，其他和战斗型相同，燃料泵开关只在前座舱有。

主油箱内有大约 15 升死油，无法使用，而辅助油箱内有大约 5 升死油。

燃料类型：B4 航空汽油，或 C3 航空汽油。前者的辛烷值为 87 号，后者为 97 号，在 Do 335 进行测试时，C3 的品度值已经达到至少 125 号。C3 汽油无疑可提高飞机性能，但 DB 603 发动机还不能正式转换 C3 汽油，燃料适配仍停留在测试阶段。

所有油箱都不具备空中放油功能。

Do 335 最初作为高速轰炸机设计，标准型没有安装后来战斗机必备的 MW50 系统。A-6 夜间战斗型为了弥补重量增加和气动外形劣化造成的性能下降，率先配备 MW50 系统。MW50 液箱位于两侧机翼内，每个 75 升。这套系统向增压器进气口喷射水/甲醇混合液，降低进气温度，这样便可进一步增加发动机进气压，从而增加 300 马力左右的功率。如果 Do 335 继续发展下去，MW50 系统必定会变成标准配置。

此外侦察型飞机准备了另外的辅助燃料，即高空使用的 GM1。在弹舱内只安装一个相机时，可以在其中加装 250 升的 GM1 液箱。飞机在临界高度以上飞行时，可以让 GM1 系统向发动机增压器入口喷射氮氧化合物，直接提供氧化剂，同时降低燃烧前温度，以此增加发动机功率。

滑油箱和夹在它们之间的 3 个压缩空气瓶，这几个气瓶用于给弹射系统充气。

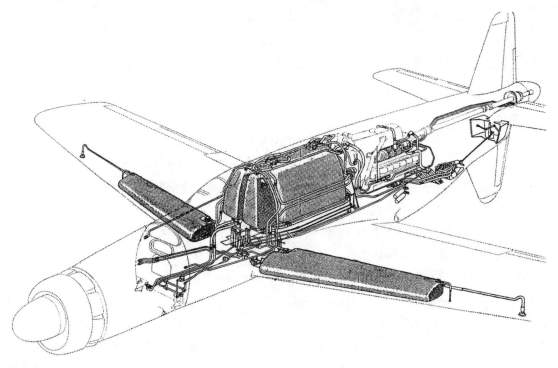

A 型的燃油和滑油系统解剖图，可见机翼前缘的 2 个油箱、主油箱、主油箱和座舱之间的 2 个滑油箱。

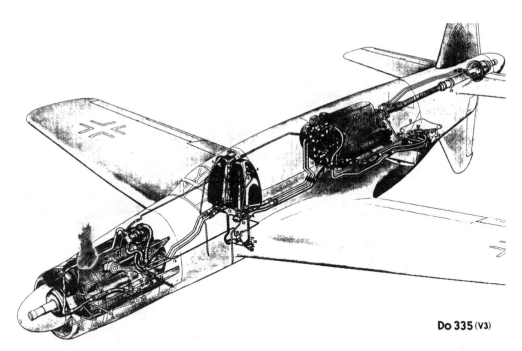

Do 335 (V3)

以 V3 号原型机为例的滑油和滑油散热系统。前发动机散热器环的上方是滑油散热器，后发动机的散热器后下方是后发的滑油散热器。

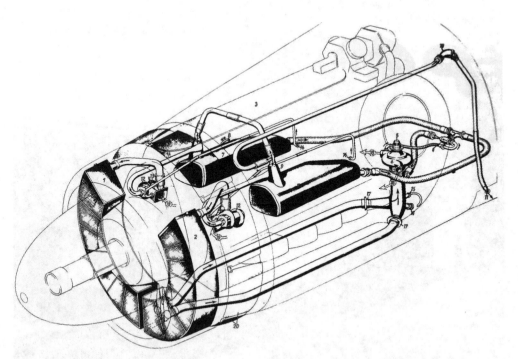

前发动机的散热系统，两个黑色物体是冷却液箱。散热器分为左右两个，对应两个液箱。冷却液通过前液泵从上方进入散热器，从下方流出，向后经过液泵之后回到散热器入口。液箱之间有两套联通管，并且同时和前、后液泵联通，左侧液箱还有一根通大气的泄压管。

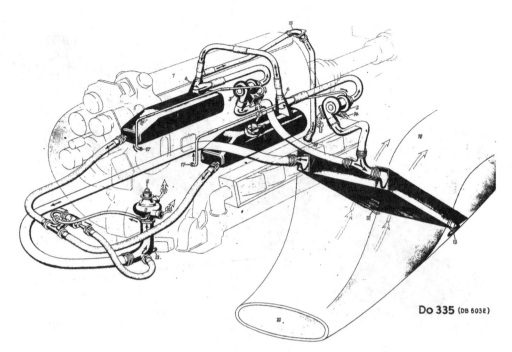

Do 335 (DB 603E)

后发动机的散热系统，运作方式和前发动机类似。但因为后散热器只有一块，管线布局有较大差距。两侧液箱的冷却液都从左侧进入，再从右侧流出。现在无法确定具体是什么问题导致后发过热，可能是散热器布局不佳，导致空气流量不足。

后发散热器进气口特写。进气口与机身之间留有间隙，避免吸入免附面层。

滑油系统

在飞行员座位后方，并排安装了两个 95 升滑油箱。后发动机传动轴所用的滑油也来自于发动机用的滑油箱。滑油系统有温度和油压计（位于控制面板右侧）。温度由散热片自动调整系统控制，如前文所述，实际由冷却液系统温度控制。发动机冷启动时可以将滑油和汽油混合，通过滑油箱底部插口可将滑油加入燃料系统。混合开关在前起落架舱的后舱壁上。

滑油箱的设计有另一种说法，1944 年 4 月 7 日的 A-0/A-1 型技术指标说有两个 102 升的无防护铝油箱。每个油箱装 70 升滑油和 15 升汽油，后者专用于冷启动混合。

此外道尼尔没有计划安装滑油量表，飞机滑油箱通常会设计成容量超过单个飞行架次必须使用量，所以没有必要安装滑油量表。前滑油散热器是环形散热器的一部分，位于正上方的扇面内，它的迎风面积是 9.9 平方分米，深度 250 毫米。

冷却系统

闭环冷却系统，每台发动机有两个相等的独立液箱。其中只有右侧液箱能打开，用于加注冷却液。前发动机的冷却液容量约为 90 升，后发动机稍多，约 93 升。冷却系统有温度计（位于控制面板右侧），由冷却液温度自动控制散热片，高温时打开散热，低温时关闭。

冷却液里有 47% 的水，50% 的乙二醇，剩下的 3% 是抗腐蚀剂。前发动机的环形散热器迎风面积为 25.5 平方分米，深度 135 毫米，后发动机的散热器面积 46 平方分米，深度 135 毫米。

| 发动机系统 | 型号 | |
重量（公斤）	Do 335A-0	Do 335A-1
发动机，包括延长轴和螺旋桨传动	2090	2090
发动机控制系统	20	20
点火系统	49	50
燃油系统	276	305
滑油系统	102	100
散热系统	225	230
排气系统	45	45
螺旋桨	440	440
冷却液	175	180
死油	90	90
估算冗余重量	35	35
GM1 系统	—	140
总重量	3547	3725

液压系统

Do 335 配备了正常的液压系统，需要液压驱动的设备包括：起落架、襟翼、可变控制系统、弹舱门、散热片、刹车。前四个系统电控操作，液压动力。散热片则是恒温器控制的，刹车由飞行员踏板控制。

液压系统的最大工作压力约为 100 倍大气压，非工作状态维持在约 30 倍大气压。所有液压传动的系统都连接在液压油循环网络上，压力由发动机传动的两个油压泵提供。发动机转速为 2000 转/分时，油泵可提供每分钟 12 升或 18 升的流量，它们将液压油从 18 升容量的保护油箱内压出，通过油滤传送到 4 个并排的电磁阀控制的阀门上。起落架、襟翼、可变控制系统、弹舱门就与这4个阀门相连。

散热片控制和刹车直接连接在循环网络上，这两个系统需要持续供能。循环系统之中还有各种减压阀。液压油系统有一个压力指示器，位于座舱地板右侧。操作时，飞行员不能同时开启所有阀门，他只能一个一个打开（对顺序没有特殊要求）。

此外刹车系统有一个蓄能器，在压缩空气（25倍大气压）协力下，可一直保持最大压力。在紧急情况下，起落架、襟翼、可变控制系统、弹舱门都能用压缩空气进行操作。可用的操作方式只有：关闭弹舱门、放下起落架、放下襟翼、可变操作系统切换到"低速飞行"。除非起落架已经放下，飞行员必须按照以上顺序进行

应急操作。起落架已经放下时则不需要遵守操作顺序。

电气系统

电气系统使用直流电，电压24伏特。电源是两台发动机带动的2个2000瓦功率LK 2000/24 R15型发电机。座舱地板上安装了蓄电池，开关盒位于座舱右侧。检查口在机身右侧，第5号和第6号隔框之间。

发电机都用自动转换器连接在主线上，控制面板上有应急开关。给特殊系统供电时，有一个三相变压器，将电压提高到36伏特，还有转换为500赫兹交流电的逆变器。

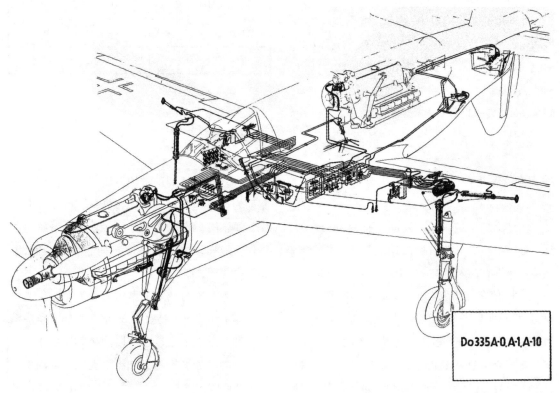

Do335A-0.A-1.A-10

飞机手册里的液压系统概览图。可见系统相当复杂。主要是因为两台发动机的附件要并联提供压力，然后供给多个子系统使用。

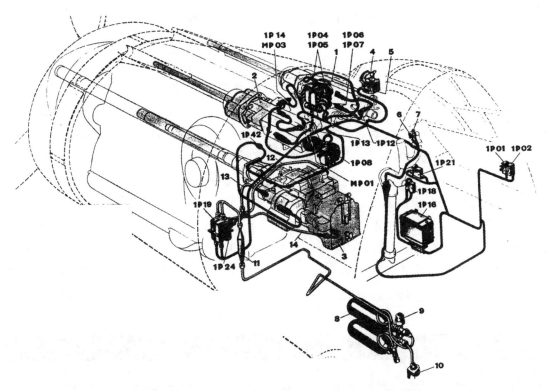

MG 151/20 和 MK 103 航炮安装示意图。电击发的 MG 151/20 的弹舱位于航炮的侧下方，炮管伸出机头的部分有整流罩。MK 103 航炮的炮管外有两层罩管，将它和发动机隔开，所用的气瓶靠近左翼翼根。

武器系统

Do 335 的固定武器是 MG 151/20 和 MK 103 航炮，前者装在机头位置，后者是发动机轴炮，或者安装在机翼炮位上。此前 Bf 109 和 Fw 190 使用的机头武器，MG 131 机枪已经显得火力不足，在 Do 335 这么大的飞机上没有必要安装。

毛瑟 MG 151/15 和 MG 151/20

1934 年，毛瑟公司（Mauser）收到了一份合同，要求研发一种 15 毫米口径的超重型机枪。冯·罗森茨（Von Lossnitz）和德尔格（Doerge）博士带头进行研发。毛瑟公司担心由于磨损严重，这种武器的服役周期会比较短，但仍然在 1938 年正式开始生产。磨损问题的缘由是 MG 151 的初速特别高，明显强于当时正在使用的 MG 131 机枪。

MG 151 是一种枪管后座式的全自动武器，后膛固定。弹药可以用撞针或者电击发，由可散弹链从右侧（MG 151A）或者左侧（MG 151B）供弹。发射过后的弹壳从枪身下方抛出。

弹药尺寸是 15 毫米×96 毫米，主要弹种为穿甲弹和高爆弹，前者初速为每秒 850 米，后者为每秒 960 米，弹头内有 4.9 克装药。

据称 MG 151 是第一种使用渐速膛线的武器，这个技术使得枪管镀铬对于减少磨损没多少效果。渐速膛线的好处是增加了弹丸旋转速度，可改善武器射击精度。武器正常射速是每分钟 700 发，开火时会产生大约 430 公斤的后坐力。

由于航空技术快速发展，飞机越来越大，帝国航空部认为需要威力更大的武器，便发布了每秒发射 1 公斤弹药的武器招标。毛瑟公司的对应方案是扩大 MG 151 的口径，把它从 15 毫米增加到 20 毫米，这就是 MG 151/20 航炮。

MG 151/20 换用 20 毫米炮管之后，长度从此前的 1254 毫米下降到 1104 毫米，而且弹药变成了较短的 20 毫米×82 毫米型号。这些改动导致弹头初速明显下降，但由于投射量增加，整体威力提高了很多。因为其他组件基本没有改变，新武器很快就能完成设计并投入生产。

1938 年，新航炮进入测试阶段，1940 年定型投产。从开始生产到德国投降为止，MG 151/20 生产了大约 39500 门，平均价格为 787 帝国马克，基本所有德国战斗机都使用这种武器。20 毫米口径意味着可以使用德国特有的 M（高装填比例）弹药，它的装药量大，爆炸威力也较大。加兰德估计击落 1 架重型轰炸机需要命中 20 至 25 发炮弹，考虑到命中率，大致需要飞行员在 500 米距离上发射 275 发炮弹，或者在 1000 米距离上发射 840 发，1500 米距离上则需要发射 3000 发。

Do 335 在前发动机后方安装了 2 门 MG 151/20 航炮，使用协调器穿过螺旋桨射击。每门炮有 200 发备弹，放置在弹药箱里。弹壳和弹链有一个回收箱。开火按钮在飞行员操纵杆前方。

武 器 参 数		
型号	MG 151/15	MG 151/20
口径	15 毫米	20 毫米
武器重量	42.7 公斤	42.5 公斤
长度（包括炮管）	1916 毫米	1766 毫米
高度	195 毫米	195 毫米
宽度	190 毫米	190 毫米
炮管长度	1254 毫米	1104 毫米
炮管重量	10.33 公斤	10.5 公斤
射速	660~700 发/分	630~720 发/分
膛压	3000 大气压	2900 大气压
弹种、弹重、初速	高爆、151 克、960 米/秒	高爆、205 克、705 米/秒
	穿甲、165 克、850 米/秒	穿甲、205 克、705 米/秒
	高速穿甲、151 克、1025 米/秒	高速穿甲、183 克、810 米/秒
	燃烧、151 克、1010 米/秒	燃烧、207 克、695/秒
投射量	0.665 公斤/秒	1.08 公斤/秒
100 发弹链长度	3310 毫米	3310 毫米

莱茵金属 MK 103 航炮

1935 年，莱茵金属-博尔西格公司（Rheinmetall-Borsig）自行投资研发了一种大口径航炮，编号为 MG-101，这种航炮使用 30 毫米×184 毫米的大型弹药，发射的穿甲弹具有出色的穿透力。而后它获得采购并更名为 MK 101，主要用作反坦克武器，安装在 Hs 129 攻击机上。

战争开始后，航空部对航空武器威力的要求也提高了，以便让飞机能够对应各种目标，而不仅仅限定于坦克。莱茵金属收到航空部的合同，于是从 1941 年开始研制新武器 MK 103 航炮。这种航炮的基础设计源于 MK 101，经过较短时间的改进之后，于 1942 年达到可用的状态。

MK 103 的主要改进项目包括：气体反冲式枪机、减重 40 公斤、长度减少、弹链供弹、大幅度提高射速、强化复进簧和摩擦缓冲器、可以作为轴炮使用。

弹药以电击发，用可散弹链从左侧或右侧供弹。机匣一开始是锻造件，后来改为冲压制作，以提高生产效率，这也反映了技术工人越来越短缺的问题。击发系统最初只用电，而后改为电-气动组合进行上膛和击发，这样能够增加武器可靠性。

此外 MK 103 增加了一个摩擦缓冲器，来吸收开火时产生的巨大后坐力。由于武器射速在 MK 101 的基础上几乎翻倍，后坐力也异常巨大。在安装了制退器的情况下，后坐力可以达到 2000 公斤，如果不安装制退器，后坐力能达到 3000 公斤。

在 Do 335 上，MK 103 安装在轴炮位置，重型战斗机型号在机翼上额外安装 2 门。30 毫米炮弹威力巨大，大约 3 发便能够击落 1 架重型轰炸机。按照命中率估算，需要在 500 米距离上发射 76 发，可达成 3 发命中期望值，1000 米距离上需要发射 203 发，1500 米距离上需要发射 650 发。

由于 MK 103 仍有很高初速，在 1943 年服役后，也被用来攻击地面硬目标。而同时投入使用的 MK 108 航炮具有炮管短、初速低的特性，使得它的重量非常轻，可以安装在 Bf 109 这样的小型战斗机上，但不太适合用于对战斗机空战。

飞机手册描述："前发动机内的 103/1A 型炮架上安装了 1 门 MK 103 航炮。穿过中空的螺旋桨轴击击。射速：360 发/分。弹药箱位于 1 号和 2 号隔框之间，弹链和弹壳收集器也在此处。开火按钮在飞行员操纵杆右上方。"

武器参数			
型号	MK 101	MK 103	MK 108
口径	30 毫米	30 毫米	30 毫米
武器重量	180 公斤	141 公斤	60 公斤
长度（包括炮管）	2586 毫米	2335 毫米	1050 毫米
炮管长度	1350 毫米	1338 毫米	545 毫米
射速	220~260 发/分	360~420 发/分	600~650 发/分
初速	700~960 米/秒	860~940 米/秒	505 米/秒
初速（330 克 M 弹）	920 米/秒	860 米/秒	505 米/秒
膛压	—	3300 大气压	3100 大气压
安装重量（轴炮）	—	165 公斤	73 公斤

续表

武 器 参 数			
型号	MK 101	MK 103	MK 108
安装重量(翼炮)	—	199 公斤	88 公斤
弹道高度和炮弹飞行时间			
500 米距离	0.58 米	1.9 米(0.66 秒)	6 米(1.13 秒)
1000 米距离	2.74 米	9.4 米(1.5 秒)	29.1 米(2.65 秒)
1500 米距离	7.68 米	26.3 米(2.6 秒)	78.3 米(4.37 秒)

瞄具

Do 335A-0 和 A-1 型的飞行手册说瞄具为 Revi 16D 型，但飞机手册的第 8A 部分表明瞄具是 Revi 16B 型，它们差距不大，都只给飞行员提供固定瞄准光环。

弹舱

Do 335 最初作为高速轰炸机设计，弹舱是基本装备，这个空间还能用来安装额外的油箱。弹舱的总载弹量不算大，可用的配置包括：

8 枚 SD 50 破片炸弹(弹长 1090 毫米，弹径 200 毫米)；

8 枚 SD 70 破片炸弹(弹长 1090 毫米，弹径 200 毫米)；

1 枚 SD 500 破片炸弹(弹长 2022 毫米，弹径 447 毫米)；

2 枚 SC 250 高爆炸弹(弹长 1640 毫米，弹径 368 毫米)，后期型号有环形尾翼；

1 枚 SC 500 高爆炸弹(弹长 2007 毫米，弹径 396 毫米)，其中 SC 500K 为十字形尾翼，SC 500J 为环形尾翼；

2 枚 AB 250 散布器；

2 枚 AB 500 散布器。

飞机手册关于这部分的内容如下：

投放武器：弹舱内有炸弹挂架，可供 250 或 500 公斤炸弹使用。可利用加热附件和滑轮组进行装载。安装了 ASK 335 轰炸开关箱以及 SWA 10B 开关系统，用于单枚或多枚投放，开关位于左侧控制面板。定时或触发引信可以由 ZSK 246 引信开关箱和 Zu 21 引信调节器及控制设备来调整。

弹舱门：位于弹舱下，7 号到 14 号隔框之间，纵向分开，朝两侧折叠。液压驱动，电控，可以自动或者由 ZSK 开关箱控制，这样可独立于投弹系统。或手动控制开关，用前起落架舱内右侧的拨动开关控制，用于地面装弹。

载荷和重量表(1943 年 11 月 1 日)		
型 号	Do 335A-0	Do 335 重型战斗机
飞行和导航装备	62 公斤	48 公斤

续表

载荷和重量表（1943 年 11 月 1 日）		
型　号	**Do 335A-0**	**Do 335 重型战斗机**
安全和救生装备	33 公斤	33 公斤
电气装备和无线电	186 公斤	186 公斤
信号和照明装备	3 公斤	3 公斤
额外装备总重量	5 公斤	5 公斤
枪炮	330 公斤	720 公斤
炸弹（挂载和释放组件）	145 公斤	30 公斤
装甲	16 公斤	250 公斤
额外装备总重量	780 公斤	1275 公斤
飞机空重	7230 公斤	8055 公斤
燃料重量（包括 40 公斤暖机用）	1500 公斤	1150 公斤
滑油	110 公斤	90 公斤
乘员	100 公斤	100 公斤
炸弹	500 公斤	340 公斤
弹药	160 公斤	455 公斤
氧气	10 公斤	10 公斤
载荷	2380 公斤	2145 公斤（包括 GM1）
起飞重量	9610 公斤	10200 公斤

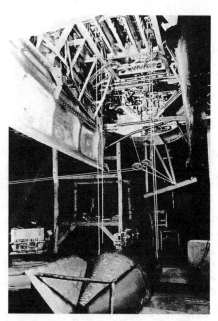

打开状态正在挂载炸弹的弹舱，可从内部连接 4 根钢缆，通过机外的滑轮系统将炸弹拉上去。

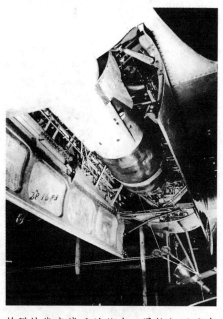

炸弹挂载完毕后的状态，滑轮组还没有撤掉。

某架原型机的座舱，该机没有安装瞄具，瞄具位置上的东西是额外的罗盘。德国空军在研发滑翔轰炸用的机械计算瞄具，但 Do 335A 还没有计划安装，这严重限制了它的轰炸能力，因为它也没有标准的垂直轰炸瞄具，只有战斗机用的射击瞄具。

座舱内的弹射座椅，在 1944 年这是个新奇玩意儿。

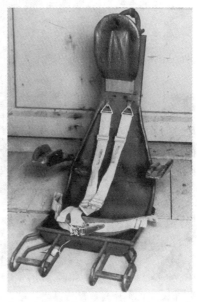

拆出来的弹射座椅，与现代弹射座椅有很大区别。

240102 号机的压缩空气瓶安装在弹舱前隔板上，与原型机不同。

弹射座椅测试用的假人。

其他细节

不同型号的 Do 335 座舱有所差异，本部分以 A 型为标准。

在现代作战飞机上，弹射座椅是普遍的装备，它是飞行员的额外生命保险，但在 Do 335 的时代，这是个新鲜发明。和喷气式发动机一样，弹射座椅的研究也是在这个时期开始的。

随着飞机速度增加，飞行员离开飞机的流程越来越困难和危险，尤其是紧急情况下，例如飞机遭到战损或发生故障。美国人在 1943 年做了个调查，结果表明大比例的飞行员在跳伞时受伤或身亡：跳伞的飞行员中，有 12.5% 死亡，45.5% 受伤。德国空军的情况也是如此：在跳伞的 Ju 88 机组里，有 6% 没能活下来，而在 Fw 190 上这个比例高达 28%。德国人的统计数字来源于 1939 年到 1944 年对 2500 个跳伞案例的分析。所以开发一种安全有效的逃生系统，是合乎逻辑的结果。

发展计划中，Do 335 预计的最大真空速可能达到 800 公里/小时左右，这个指标在高空很接近早期喷气飞机，它应该安装弹射座椅。不过弹射座椅在实用之前需要大量研究，包括人体在弹射时最大能承受多少过载。技术上来说，成功的弹射需要 26G 过载，普通人能承受的瞬时上限是 28G。

纳粹政权在这方面毫无人性。德国空军在达豪集中营有一个测试站，举例来说，他们会把囚犯扔到冰水里，以此检测飞机迫降时机组能活多久。还有增压室测试，经常导致囚犯死亡。弹射测试也不例外，这样的野蛮行径在纳粹德国是家常便饭。

亨克尔公司在 40 年代初开始测试弹射座椅，他们一开始设计了两种弹射方式。首先是火药弹射，用炸药将飞行员弹出座舱，第二种是使用压缩空气弹射。Do 335 安装的弹射系统是后一种方案。压缩空气系统有 120 到 140 倍大气压，产生的能量足够将飞行员和座椅抛出飞机足够距离，远离垂尾和螺旋桨——如果后者没能成功炸掉的话。

道尼尔从 1943 年夏季在曼泽尔的厂区内开始弹射座椅的风洞测试。在弹射时，座椅的角度设为 13°，用压缩空气发射了 200 次。测试发现了 2 个要点，首先是通过润滑弹射汽缸活塞，可以相当幅度增加弹射速度。其次是发现座椅前方太重，解决方案是在头部装甲位置增加额外重量配平。

飞机上的弹射系统储能器是 3 个 2 升压缩空气瓶。开始认为空气瓶可能会受到战损而爆炸，反而损毁飞机，但后来测试表明不会有这种问题。另一个关注点是座椅在无操作时误弹射，因为安全机构很简陋，有几次震动几乎导致这种情况发生。在某种技术发展初期，总会有各种"惊喜"出现。

以下内容出自道尼尔公司对弹射座椅的指示：

用弹射座椅作为逃生手段（训练飞机的第二个座舱不安装弹射座椅）。

飞行员座椅用压缩空气弹射，飞行员要达到足够远离垂尾和螺旋桨的距离。在 900 公里/小时速度下，120 倍大气压的工作压力可达到足够远离垂尾的高度。

弹射座椅用一个特殊降落伞减速，以免伤到飞行员。计划给压缩空气系统安装特殊泄压阀，操纵杆在控制面板上（迫降时的安全措施）。

弹射座椅的测试表现尚可接受，弹射时的操作比较复杂。座舱右侧安装了一排三个按钮，

第一个用来抛弃后螺旋桨,第二个对应上半垂尾,第三个对应下半垂尾。弹射时的具体操作流程和运作方式如下:

1. 抛弃后螺旋桨和垂尾。

2. 解锁并抛弃座舱盖(座舱盖关闭时,弹射座椅操作连杆是锁定的,阻止弹射连杆启动)。

3. 解开耳机。

4. 拉动嵌进去的弹射控制杆到第一阶,它位于座舱右侧的弹射控制盒里。这会让弹射控制杆内的弹射释放杆伸出,控制杆本身释放弹射活塞锁定连杆。

5. 坐直并把脚放在座椅边缘。

6. 将弹射释放杆拉动到顶点,这会在压缩空气管线中打开一个快速释放阀,让 3 个压缩空气瓶中的空气流入弹射汽缸。冲进来的压缩空气会先解开汽缸底部的球形锁,然后将活塞发射出去,附带连在上面按照滑轨移动的座椅以及飞行员。

7. 远离飞机之后再离开座椅。

8. 打开降落伞。

此前弹射座椅在 He 219 夜间战斗机上进行过测试,不过 Do 335 才是第一种普及弹射座椅的活塞飞机。

除了这套弹射系统,道尼尔还考虑了在极其特别情况下的安全措施:给 Do 335 特别设计了一个减速伞系统,目标是给飞机减速,让飞行员能够最安全地离机。预计这个系统可将 1050 公里/小时俯冲的飞机减速到比较低的 500 公里/小时。

雷希林测试中心负责相关测试,由测试中心与道尼尔、降落伞生产商科斯特莱茨基(Kostelezky),还有格拉夫-齐柏林研究组合作进行。1944 年 3 月 25 日至 5 月 9 日期间进行了投放测试,测试方法是由 Me 323 V18 号原型机扔下 6 吨重物,投放高度从 4000 到 6000 米不等。测试进行了 6 次,重物达到预定速度时,定时延迟的降落伞就会打开减速。齐柏林研究组进行了额外的测试,用 Me 323 V16 号携带 7 吨重物进行。9 月 30 日,这架运输机在测试中损失,现在已经无法查清此后有没有恢复测试。

细节数据	Do 335A
1. 机身	
全长	13.85 米
高度(机头)	4.3 米(到螺旋桨尖)
高度(机尾)	5 米
隔框数量	24
构造	全金属承力蒙皮和 L、U、Z 型桁条
蒙皮厚度	前发动机防火墙到后发动机防火墙之间为 1.8 毫米
	后发动机防火墙到后散热器为 1.3 毫米
	后散热器到后螺旋桨之间为 1 毫米
吊点	第 5、11 号隔框左右两侧
千斤顶支点	第 1、20 号隔框

续表

细节数据	Do 335A
2. 机翼	
翼型	NACA 23012-635
翼展	13.8 米
翼面积	38.5 平方米
最大弦长	3.77 米
展弦比	5
翼载(起飞重量)	249.3 公斤/平方米
后缘前掠角	6 度
前缘后掠角	13 度
翼肋数量	每侧 26 根
翼梁	盒状翼梁
蒙皮厚度	翼梁前 1.5 毫米，翼尖 0.9 毫米
除冰系统(电)	机翼前缘和螺旋桨除冰器暂未安装，生产型之前都没有计划，只有空速管除冰
3. 副翼	
面积	2.5 平方米
铰接点	3 个
位置	第 14 号至 26 号翼肋之间
翼梁	2 根
偏转范围(起降辅助)	6 度至 8 度
偏转范围(上下限)	19 度、21 度
补偿片偏转角	13 度至 15 度
配平片偏转角	4 度至 6 度
4. 襟翼	
铰接点	3 个
位置	第 3 号至 14 号翼肋之间
翼梁	2 根
蒙皮厚度	0.5 毫米
偏转范围(起飞)	29 度至 31 度(30 度的限速为 340 公里/小时)
偏转范围(降落)	49 度至 53 度(50 度的限速为 270 公里/小时)
作动	在 3 个位置上电力-液压驱动

续表

细节数据	Do 335A
5. 水平尾翼	
翼型	NACA 23012.5
翼展	5.8 米
翼面积	7.75 平方米，可动部分 7.63 平方米
翼肋数量	12 根
翼梁数量	2 根
蒙皮厚度	0.9 毫米
安装角	0 度至 5 度(地面调节)
上反角	2.5 度
升降舵翼肋	18 根
升降舵翼梁	2 根
铰接点	3 个
升降舵偏转范围	29 度至 31 度(向上)，21 度至 23 度(向下)
配平片偏转角	9 度(上)，11 度(下)
6. 垂尾和方向舵	
翼型	NACA 23012.5
翼肋数量(机背/机腹)	7 根/6 根
翼梁数量(机背/机腹)	2 根/2 根
蒙皮厚度	杜拉铝部分为 0.9 毫米
方向舵	—
铰接点(机背/机腹)	2 个
翼肋数量(机背/机腹)	10 根/7 根
翼梁数量(机背/机腹)	1 根/10 根
偏转范围(机背/机腹)	左右各 24 度至 26 度/左右各 24 度至 26 度
配平片偏转角(机背/机腹)	左右各 15 度至 17 度/左右各 15 度至 19 度
7. 起落架	
主轮尺寸	1015 毫米×380 毫米
减震器	油-气减震器，行程 310 毫米，工作压力 30~34 倍大气压
轮距	5584 毫米
前轮尺寸	685 毫米×250 毫米，B 系列为 840 毫米×300 毫米
减震器	油-气减震器，行程 400 毫米，工作压力 13~15 倍大气压

细节数据	Do 335A
7. 起落架	
前轮偏转角度	左右各 38 度
轴距	4 米
循环时间	收起 18 秒
	放下 12 秒
	应急操作最大 1 分钟
尾部滑橇	工作压力 72 至 78 倍大气压
8. 氧气系统	
1 个 41 m 型，4 个球形气瓶，每侧机翼各 2 个，容量可用大约 2.5 小时。	
9. 无线电系统	
FuG 16ZY，ZVG 16 测向，FuG 125（第 15 和 16 号隔框之间，天线在垂尾上），FuG 25a，训练型有 EiV 7 对讲机	
10. 武器	
轴炮	莱茵金属 MK 103，备弹 70 发(疑似 65 发)
协调武器	2 门 MG 151/15 或 MG 151/20，各备弹 200 发
机内挂载	各种 50、70、250、500 公斤炸弹
瞄具	Revi 16D 或 Revi 16B，B 型准备使用 EZ 42 瞄具
11. 装甲	
前螺旋桨后有 2 片环形装甲板，弹药盒有装甲，风挡有 2 片防弹玻璃，滑油箱后方和下方有 2 片装甲板，后滑油散热器后有 1 片装甲板	
12. 动力系统	
DB 603A、E、LA	
发动机形式	12 缸液冷
汽缸布局	60 度倒 V
前发动机安装点	1 号隔框
后发动机安装点	12 号到 16 号隔框
前发动机滑油散热器	整合在环形散热器中，初期型迎风面积 9.9 平方分米，后期型 12 平方分米，深度 175 毫米
后发动机滑油散热器	隧道型散热器，迎风面积 8.85 平方分米，深度 250 毫米，19 号隔框处
前发动机散热器	整合在环形散热器中，迎风面积 9.9 平方分米×2，深度 135 毫米
后发动机散热器	隧道型散热器，迎风面积 46 平方分米，深度 135 毫米，17 号隔框处

续表

细节数据	Do 335A
冷却液容量	前发 90 升，后发 91 升
启动器	博世 AL SCG 24 DR-2 电动惯性起动器
启动器(后期)	维多利亚-里德尔的油-电混合系统(2 冲程辅助发动机，10 马力)
点火系统	ZM 12 CR 8 双磁电机
电气系统	24 伏特，外接点在 5 号和 6 号隔框之间
电源	每台发动机一个 LK 2000/24 R15 发电机
电池	12 个 GL3 电池(机身内)，所有电器功率约 6000 瓦(启动器除外)
13. 燃料系统	
燃料类型	B4 汽油或 C3 汽油
机身油箱	1230 升(有防护)
机身油箱(双座型)	355 升(有防护)
机翼油箱(2 个)	每个 375 升(无防护)，或 310 升(有防护)
弹舱油箱	500 升
挂载副油箱	机外 2 个，仅有计划
滑油箱	2 个油箱，各 95 升
14. 螺旋桨	
型号	VDM 三叶变距桨
直径	前桨 3.5 米，顺时针转动。后桨 3.3 米，逆时针转动，可抛弃
螺旋桨迎角极限(滑翔位)	前桨 8 度，后桨 7 度 15 分
螺旋桨迎角极限 (最低速爬升位)	前桨 12 度 25 分，后桨 12 度 25 分
桨距变化速率	每秒 2 度
后发传动轴长度	3 米
15. 重量	
空重	7230 公斤
燃料重量	1500 公斤
滑油	110 公斤
乘员	100 公斤
炸弹	500 公斤
弹药	160 公斤
氧气	10 公斤

细节数据	Do 335A
起飞重量	9610 公斤
飞机组件重量	
机身	630 公斤
垂尾(机背)	17 公斤
垂尾(机腹)	27 公斤
方向舵(机背)	13 公斤
方向舵(机腹)	10 公斤
平尾(2 个)	26 公斤×2
升降舵(2 个)	11 公斤×2
机翼	840 公斤
主起落架(2 个)	255 公斤×2
前轮	150 公斤
动力系统	前 1400 公斤,后 1150 公斤
螺旋桨	每个 170 公斤
16. 性能	
放下襟翼时的最大允许速度	起飞 340 公里/小时,降落 270 公里/小时
起落架放下时最大允许速度	正常收放 270 公里/小时,慢速收放 340 公里/小时
最大允许平飞速度	海平面 600 公里/小时,8.7 公里高度 835 公里/小时
最大指示空速限制	海平面 900 公里/小时
最大平飞速度(海平面)	580 公里/小时(战斗功率)
最大平飞速度(7 公里高度)	700 公里/小时(战斗功率)
爬升到 1000 米	1.3 分钟
爬升到 2000 米	3 分钟
爬升到 4000 米	6 分钟
爬升到 6000 米	10 分钟
爬升到 8000 米	14.5 分钟
升限(9500 公斤)	9500 米(双发),4500 米(单发)
升限(8300 公斤)	10700 米(双发),6800 米(单发)
航程	6000 米高度以 460 公里/小时经济巡航,带 1350 公斤燃料和 500 公斤挂载,航程 2150 公里
	6600 米高度以 703 公里/小时高速巡航,带 1350 公斤燃料和 500 公斤挂载,航程 1380 公里

续表

细节数据	Do 335A
降落速度	190 公里/小时
起飞距离	630 米
降落距离	700 米（装备 P8 螺旋桨时为 470 米）
逃生系统	高压空气弹射座椅，工作压力 120 至 140 倍大气压
机组	1 名

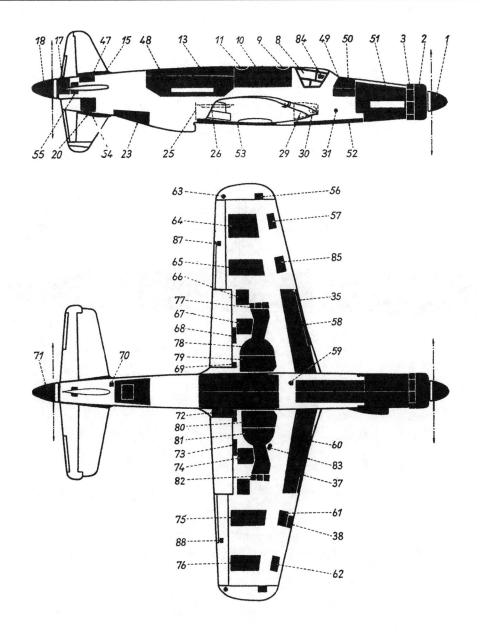

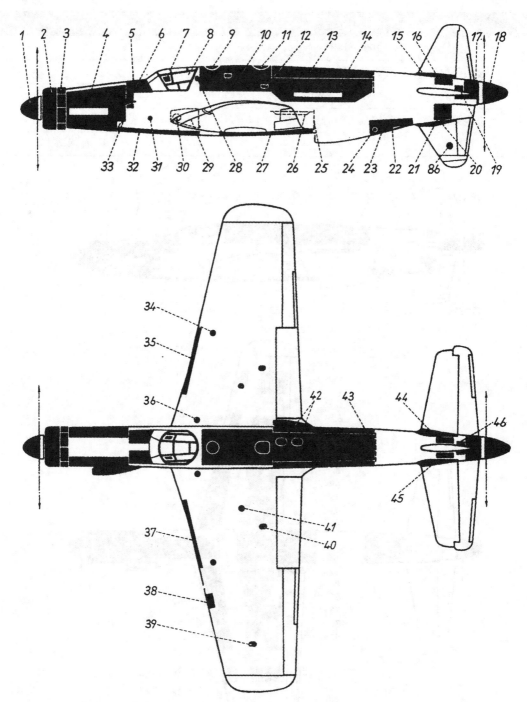

Do 335 的全部舱口，从最大的发动机和主油箱到最小的检修窗，总共 88 处。

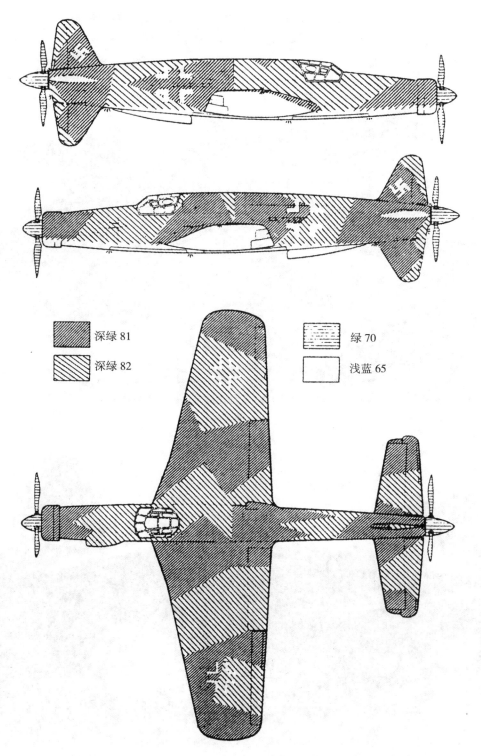

飞机手册里的迷彩涂装方案，注意 RLM 81、RLM 82 号都被称作"深绿(dunkergrün)"，螺旋桨用的 70 号则被称作"绿(grün)"。

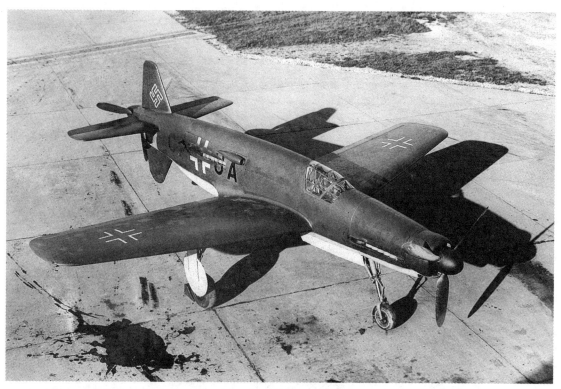

V1号原型机概览照片，最初的原型机没有迷彩，这是与之后飞机的重要外观区别。

240165号的照片，可见垂尾上的1/3涂装。

迷彩涂装

Do 335 作为快速轰炸机设计，它最初的涂装方案也遵照对应的规定。1943 年 10 月，原型机首飞时，它按照 521/1 号涂装规范进行涂装。在这个规范里，轰炸机和运输机的制定颜色是 RLM 70 号黑绿色、RLM 71 号暗绿色、RLM 65 号浅蓝色。于是原型机的双色涂装由上表面 RLM 71 号暗绿色，加上 RLM 65 号浅蓝色下表面组成，不过这种涂装只在 V1 和 V2 号原型机上使用。

需要注意的是，RLM 65 号有两种色调，除了经典的浅蓝色以外，在 1941 年出现过一种更偏灰的，Do 335 使用的具体是哪一种尚不明确。螺旋桨和桨毂都是标准的 RLM 70 号黑绿色，这种颜色更偏向于黑色。

Do 335 的第二种涂装是 RLM 70 号黑绿色加 71 号暗绿色组成上表面迷彩，机腹为 RLM 65 号的涂装。这涂装使用于 V3、V5、V6、V7、V8 号这 5 架原型机上。

1944 年 7、8 月，帝国航空部发布了两个指示，内容包括了先将 70、71 号油漆库存用光。然后尽快用 81 和 82 号色换下 70、71 号，而 RLM 65 号和 74 号取消使用。不过这两个指示都没有指定 RLM 81 号和 RLM 82 号的具体颜色。

此前 Do 335 一直没迷彩形状规范，这个规范要等到 1944 年 12 月 22 日才在飞机手册里正式发布。标准迷彩包括 RLM 81、RLM 82 号上表面，RLM 65 号下表面。奇怪的是 65 号色此时已经被要求更换，可能因为道尼尔还有很多库存，才继续使用。

这就是飞机的第三种涂装，在最终涂装方案之前使用。V4 号原型机可能是这种涂装，此外在 V9、V11、V13 号原型机上使用，还有最早的预生产型飞机。

关于 RLM 81 号和 RLM 82 号色，按照帝国航空部的规定，前者为紫褐色，后者为浅绿色。但似乎由于各飞机公司从不同的生产商收到油漆，实际颜色有偏差，也可能是负责涂装的人搞混了。梅塞施密特正常地将 81 号称为紫褐，布洛姆-福斯将其称为橄榄棕，道尼尔的手册却标注是"深绿"。82 号色在梅塞施密特和布洛姆-福斯都是正确的浅绿，道尼尔却又将其称为"深绿"。

1944 年夏季的规定构成了最后一种 Do 335 涂装，即 RLM 81、82 号上表面迷彩，机腹为 RLM 76 号浅蓝色的样式。剩下的原型机、预生产型、生产型都使用这种涂装。

各原型机上国籍标志涂装得不太标准，V1 和 V2 号原型机机身的"巴尔干十字"长度为 1000 毫米，而 V13 号和以后的飞机十字尺寸为 1250 毫米。机翼上表面的"巴尔干十字"尺寸定为 1000 毫米，所有飞机都按照这个标准涂装。但下表面有区别，原型机的白边黑十字为 1525 毫米，生产型缩小到 1000 毫米。纳粹的带钩十字位于上垂尾顶端，边长 535 毫米。

主要机身号照常涂装在机身十字的两侧，每一边 2 个字母，机翼下表面也有。但现在没有字体尺寸大小的准确信息。飞机工厂编号的最后三位数字以白色涂装在垂尾顶端两侧，数字高度为 315 毫米。在未涂装的机身上，这三个数字也会以黑色涂在座舱下方。此外原型机编号有时候会涂装在垂尾上。

1945 年 4 月，道尼尔自己有了一种编号涂装形式，两个 1 位或 2 位数字，中间以斜杠相连，通常用白色涂在垂尾顶部，或黑色涂在机身上。这种数字标记表示什么现在已无从考察，剩下的道尼尔人员在战后都没有给出对应的说法。

第二节　B 系列——预定的主要生产型

鉴于德国空军面临的困境，工作重心转移到以重型战斗机为主的 B 系列并不让人意外。

Do 335B 系列计划制作 V13 号到 V22 号一系列原型机，但只完成了其中几架。以下信息主要依赖于德意志博物馆的留存资料。

V13 号（工厂编号 230013，机身号 RP+UP）是 B-2 型重型战斗机的原型机。飞机主要尺寸，例如长度和翼展都没有变化，其他部分有少量改动，例如 EZ 42 瞄准具和伺服刹车系统，还有

修改过的挡风玻璃，发动机是 2 台 DB 603E-1。该机计划首飞时间是 1944 年 10 月 31 日，由于主起落架的问题拖延了一些时间，初期测试项目仅限于地面滑行和刹车。其他的说法称该机已经于 10 月 13 日首飞，不论哪种情况，V13 号在 11 月进入了正式测试。到 12 月中旬，该机用 EZ 42 瞄具进行了大量武器测试。到了 1945 年 3 月中旬的某个时候，V13 号返回门根。据称在 1945 年初，V13 号改装增加翼展的机翼，翼面积扩大到 44 平方米，目的是减少翼尖涡流造成的阻力，但这更可能是给计划中的高空型使用的大展弦比机翼。

B 系列最重要的改进部分是机翼上安装的 2 门 MK 103 航炮。航炮本身安装在翼梁前方，弹

B 系列的改进之一是座舱正面的防弹玻璃。右侧是 V13 号原型机的座舱照片，可见防弹玻璃分成 2 块，安装在更粗大的加强筋内。

V13 号原型机侧前方照片，机翼航炮和防弹玻璃都很明显。

正在维护的 V14 号原型机，机身号是 RP+UQ。

V14 号原型机座舱近照，这两张照片可能是法国人测试时拍摄的，舱内加装了额外设备。

V17 号原型机代表了新的夜间战斗机设计，为了尽量维持飞行性能，雷达操作员座舱完全放在机身内，没有任何前后视野。

链在机翼前缘内部，向机身方向延伸。在机翼内安装这种大型武器是个问题，最终以叉状炮架加以解决。这种方式可以让武器的大部分放置在机翼外面，减少对结构的影响，而又保证足够稳定性。

航炮在机翼外的部分有一个大型整流罩，炮管部分伸出在整流罩外，前端安装了 7 孔的炮口制退器。每门机翼航炮有 70 发备弹，由于弹链占用了空间，原来的机翼前缘油箱只好取消，改成每侧机翼外段的一个 220 升小油箱。

1945 年 2 月 5 日，这架原型机最后一次出现在报告中，而后的情况不明。

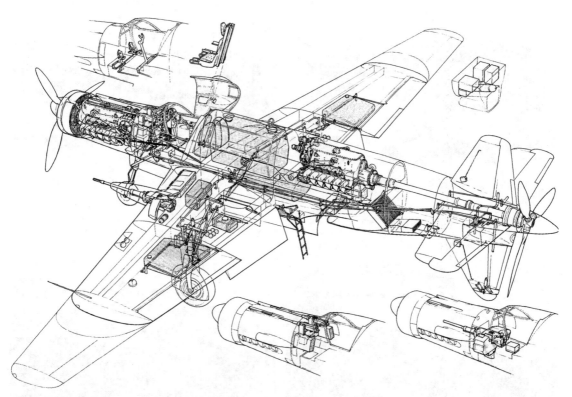

Do 335B 概要的解剖图，包括三种不同长度的机翼、操作系统、动力系统、燃油和滑油系统、武器系统。

　　V14 号原型机（工厂编号 230014）基本与 V13 号相同，安装了机翼航炮，无前缘油箱，此外它还有 Ez 42 陀螺瞄具。该机在 1944 年 11 月首飞，12 月 2 日进行了一次射击测试。这次测试中发现航炮产生过量烟雾，一部分泄漏进座舱内，武器协调器也出了一些问题。此后该机的详细情况不明。在战争结束后，它落到法国人手里，到了里昂时还涂着德国标志。法国人进行了有限的测试，测试期间还发生过一次降落事故。最终 V14 号于 1949 年被拆毁。

　　V15 号预计作为 B-6 型夜间战斗机的原型机使用，该机在上法芬霍芬制造，1944 年 10 月 31 日首飞。这架原型机已经安装了 FuG 218 雷达，进行过不少雷达系统和新燃油系统的测试。最后一次已知的飞行在 1945 年 1 月 7 日，2 月还

在报告内被提到，之后就没了消息，盟军在战后发现了该机的残骸。

　　V16 号与 V15 号类似，区别主要是更低阻力的机翼 FuG 218 雷达天线。这架飞机在 1945 年 1 月 23 日转移到韦尔诺伊兴雷达测试中心。飞机上还安装有很多其他设备，包括 FuG 120 盲降系统、FuG 125 甚高频无线电信标接收机、FuG 350 雷达告警机。2 月下旬，该机在柏林附近带着这些设备进行了一些飞行测试。

　　由于外露的雷达天线造成很多阻力，设计组准备将天线改为内置，以尽量提高性能。他们还估算了不同天线类型造成的性能损失。

　　这架原型机在洛文塔尔的旋转平台上校准过很多次罗盘，最后一次是在 3 月 29 日，此后的情况不明。

雷达天线形式	性能损失
FuG 220 SN-2 外置天线	35 公里/小时
FuG 218，类似 FuG 220 的机翼天线	18-20 公里/小时
FuG 218，带水平偶极子天线	18-20 公里/小时
FuG 218，低阻机翼天线	6-7 公里/小时
FuG 218，机翼内置天线	0 公里/小时

V17 号原型机的信息比较多，该机工厂编号为 240313，是 B-6 型的原型机，预定配备低阻天线。它的前螺旋桨是正在测试中的梅塞施密特 P8 型。战争结束时该机仍没有完工，但在法国人的监督下，一些德国工程师在门根继续制造工作，最后完成该机。1947 年 4 月 2 日，V17 号进行首飞。初步测试结果比较令人鼓舞，送回法国测试了一段时间之后，它也在 1949 年被拆毁。

V18 号原型机与 V17 号类似，也是 B-6 型。该机没有多少资料留存，已知它没有完工。V19 号则是 B-3 型的原型机，该机准备安装两台 DB 603LA 型发动机。它可能是性能最好的 Do 335，但也没有完工，发动机是否到位也无法确定。

V20 号原型机计划有大幅度改进，准备作为 B-7 型夜间战斗机的原型机使用。除了夜间战斗机的装备之外，它还将安装新机翼，采用层流翼型并增加翼展，预计这个机翼可以增加 30 公里/小时速度，发动机是高空用的 DB 603LA 型。已知 V18、19、20 号的机身可能在拉芬斯堡制造，在法国军队进入之前已经被德国人摧毁。

V21 号的计划是接续 V20 号，使用 41 平方米的新机翼，以加长翼尖来增加面积，它应该

代表 B-8 型的技术标准。V21 号计划在 1945 年 2 月 10 日交付给韦尔诺伊兴雷达测试中心。V22 号与 V21 号基本相同，计划在 3 月 10 日交给韦尔诺伊兴。这两架飞机都没有完工。

之后的 V23、24、25 缺乏技术细节，只知道它们都没有完工。

Do 335 测试的最后阶段项目包括在机背安装斜乐曲武器，这会相当程度减少主油箱容量。机翼外挂 300 升甚至 900 升副油箱的方案也在发展中，可以作为补充措施。

战争在此时迎来了终点，B 系列的原型机计划完工数量很少，进一步测试和生产自然无从说起。与其他很多末日计划一样，Do 335 也没有跨过测试阶段。很多人声称这种或者那种新飞机可以拯救德国空军，但实际上都是一厢情愿的想法。

到了 1944 年，帝国航空部疯狂扩大单发战斗机生产，以弥补前线战斗机数量短缺，试图挽回帝国防空战的败势。在当年 3 月，航空部进行过 Do 335 和 Ta 152 的对比研究，Do 335 在速度性能上明显占优，但它需要 2 台发动机，更复杂，对飞行员的要求也更高。Ta 152 的优势则是大量利用已有的 Fw 190 组件，作为一种强化火力和航程的单发战斗机，Ta 152 计划生产上万架，作为德国空军在活塞时代的最后一种主力型号。Do 335 生产计划规模相对较小，但绝对数量也不算少，因为它可以在很多专业方面发挥作用，尤其是作为重型战斗机、夜间战斗机、侦察机。

道尼尔计划了 10 个 B 系列型号，以满足上述几个方面的作战需求，各种型号的情况如下：

B-0 型，这是 B 系列重型战斗机的预生产型。发动机预定为 2 台 DB 603E-1 发动机。前轮进行了修改，轮子旋转 45 度再收入起落架舱，轮胎本身加大到 840 毫米×300 毫米。

B-1 型，重型战斗机，配置的武器和 A 系列相同。计划到 1945 年 9 月时产出 25 架 B-1 型，但很快就取消，让位给 B-2 型。

B-2 型将是主要生产型号，这个型号增加 2 门机翼航炮，变成 3 门 MK 103 和 2 门 MG 151 的配置，机翼航炮轴线距离螺旋桨中轴 4260 毫米。

B-3 型预定的主要改动是使用 2 台 DB 603LA 发动机，武器和之前的型号相同。另外的说法称 B-3 只改装 45.5 平方米的新机翼，没有搭配 DB 603LA 发动机。

B-4 是高空战斗/侦察型，安装 2 台 DB 603LA 发动机，机翼翼展增加到 18.4 米。新机翼（实际由亨克尔设计）在每一侧尖端额外增加 2.3 米长度，将翼面积扩大到 45.5 平方米。B-4 型也可搭配侦察装备，主要是弹舱内安装的两台相机。该型号计划生产规模最大的时候，是准备到 1946 年 5 月为止制造总共 1866 架。

B-5 型是训练机，准备沿用 B-4 型的机翼，安装 2 台 DB 603E-1 发动机。武器配置是标准的形式，1 门 MK 103 轴炮和 2 门 MG 151 机头炮。

B-6 型为夜间战斗机，功能与 A-6 型相同，只是带有 B 系列的特征，例如修改过的前起落架。此外机身经过加强，武器是标准配置，没有机翼航炮。新的雷达系统是 FuG 218 G/R，由西门子/FFO 公司生产。FuG 218 G/R 型包括前向雷达和尾部告警雷达，早期型号功率 30 千瓦，后期型为 100 千瓦，在 158 至 187 兆赫兹之间有 6 个可选频率。FuG 218 G/R 仍使用鹿角形天线，对飞机性能影响较大。其他特征包括雷达操作员的座舱盖改成气泡形状，DB 603E-1 发动机带有排管消焰器。

B-7 型同样是夜间战斗机，会换用 DB 603LA 发动机和层流翼型的新机翼，其他设备与 B-6 型相同。

B-8 型是高空夜间战斗机，使用 B-4 型的高空用大展弦比机翼，预定安装 DB 603LA 发动机。

下一个型号跳到了 B-12 和 B-13，这是相对于 A-12/13 的双座教练型，只是改成 B 系列的标准。

较早进入生产的 A 系列本可能早点服役，而 B 系列在细节和武器上更完善一些。无论是哪个系列，如果能够投入服役，可在一定程度上加强德国空军的重型战斗机部队。此前德国各种双发重战的性能都不令人满意，Do 335 总算给德国空军提供了一种性能超过蚊式和 P-38 的对应型号——尽管它们已经永远不可能赶上战争的最后阶段。

第三节 生产计划——虚幻和现实

与德国很多其他武器计划一样，Do 335 项目的意图和实际需求相去甚远，但这只是次要问题，主要问题是如何将飞机生产出来。道尼尔公司在开始生产之前需要克服大量困难，有很多因素影响着计划的成败。所有因素中，最重要的是德国的原材料供应状况恶化，以及熟练技术工人越来越短缺，工作岗位上充斥着缺乏培训的女性、强迫征召的劳工、集中营的犯人。盟军的轰炸越来越猛烈，造成大量工人、建筑、设备损失，给生产带来了额外困难。

在这种情况下，斯佩尔通过重组生产和压榨工业潜力，让德国飞机产量达到巅峰：1944 年德国生产了 4 万架飞机，1945 年又生产了 7500 多架。大型工厂分散再重组，或者转移到地下，很多从未参加过飞机生产的小公司也动员起来。为了增加眼下至关重要的战斗机数量，多发飞机大幅度削减。还计划了很多巨型碉堡式工厂，其中相当一部分已经开始建设。

但这一切都不能弥补多年来的战略失败，德国空军机队规模太小，战争的大部分时间里，战斗机保有量在 2000 架左右波动。美国陆航进行大规模昼间轰炸之前，这个数量只是够应付几条战线上的战术任务。战争进入 1943 年之后，美国陆航的轰炸规模越来越大，德国空军很快便发现问题：以已有的战斗机和高射炮，无法阻止那些重型轰炸机投弹。

然后空战形势急速恶化，美国远程护航战斗机加入战场，它们迅速打掉了德国在 1944 年增产的飞机和拉上前线的菜鸟飞行员。纵使生产扩张让德国战斗机保有量在 9 月达到巅峰，然而此时也不过 3700 多架，尚不如美国陆航在对德战场上的重型轰炸机保有量——5300 多架。

结果是明显的，德国空军仍无法阻止战略轰炸。轰炸目标转向交通运输系统之后，德国的生产计划也随之破灭。交通线是阿喀琉斯之踵，即使工厂能建设到地下，铁路、公路、桥梁也不可能全部转移到地下。盟军对合成燃料工厂的轰炸更是造成了灾难性后果，德国空军每况愈下，很快就连新飞机测试用的汽油都要克扣。

这些因素都影响着 Do 335 的生产计划，虽然在原型机测试的早期阶段还不明显。1943 年春季，V1 号原型机在很不起眼的地方开始组装——曼泽尔附近的一个木制兵营里。机翼在拉芬斯堡西南方的一个小镇工厂里制造。后来的原型机开始在腓特烈港的道尼尔工厂内制造，V3 号和 V6 号在洛文塔尔。还有一架详情不明的原型机在林道附近的机库内组装。最后是乌门多夫的一个木工厂，这里组装了一些原型机，到目前为止没什么大问题。

出于保密理由，德国人从 1940 年开始给武器生产厂编写了一套三个字母组成的代码表。这套代码一直用到 1945 年，部分 Do 335 相关的有：DWF 代表道尼尔腓特烈港工厂、DWM 代表道尼尔慕尼黑工厂、HMW 代表道尼尔维斯马工厂、JBO 代表道尼尔上法芬霍芬工厂、MCH 代表道尼尔上法芬霍芬维修厂、JHF 代表亨克尔奥拉宁堡（Oranienburg）工厂、LWB 代表位于不伦瑞克（Braunschweig）的路德（Luther）工厂。腓特烈港和慕尼黑是道尼尔生产核心区域，其他工厂或多或少地将参与 Do 335 的制造。

头两架原型机完工后，道尼尔的估计是到 1944 年末能制造 82 架生产型飞机。假如没有什么大阻碍的话，这一批飞机会由腓特烈港和慕尼黑的几个下属工厂生产。而后的 B 型在 1945 年 2 月就能开始生产，米尔希元帅认为可以用它们换掉 Bf 110，新飞机的性能相对于 Me 410 也有巨大提升。

1944 年 1 月，Do 335 进入了德国的生产计划。此时的计划是到 1946 年 3 月，腓特烈港工厂应该交付 120 架预生产型，其中包括 35 架 A-0 型轰炸机、40 架 B-0 型重型战斗机、45 架其他的-0 系列改型，此外还要交付 120 架发展型飞机。慕尼黑工厂则要交付更多数量，包括 270 架 A-1、462 架 A-2、1438 架 B-1 和 B-2 型。此时共有 6 个子型号准备投产。道尼尔在德国南部的生产中心可见附表。除了腓特烈港和慕尼黑，位于魏恩海姆（Weinheim）的工厂也将参与生产。

很快计划有了变动，首先是腓特烈港的那 120 架飞机里面要有一部分教练型。与此同时，慕尼黑的 270 架 A-1 型之中，要有 60 至 80 架改装成侦察机。路德工厂预定要加入生产，交付 100 架轰炸型或者战斗型，接下来又要路德工厂每个月生产 100 架飞机。较早的时候，还有建议让哥达货车工厂在 1945 年 8 月加入生产的提案。

道尼尔生产中心，Do 335 生产预定使用面积					
1. 腓特烈港工厂			2. 慕尼黑		
下属工厂	总面积（平方米）	生产使用面积	下属工厂	总面积（平方米）	生产使用面积
曼泽尔	74000	28600	新比贝格	49100	21200
洛文塔尔	18900	13100	奥格斯堡（Augsburg）	16100	5500
奥曼斯维尔	18500	10700	上法芬霍芬	36300	25000
林堡豪礼	8000	6300	诺伊豪森	17500	11700
旺根	4800	3300	兰茨贝格	30000	23700
朗根阿根	5800	—	其他分散工厂	1400	—
里肯巴赫	14200	7200	—	—	—
多恩比恩	2700	1600	—	—	—
布雷根茨	10300	2400	—	—	—
普夫龙滕	3300	1600	—	—	—
门根	3000	3000	—	—	—
其他分散工厂	5000	—	—	—	—
总计	168600	77800	—	150400	87100

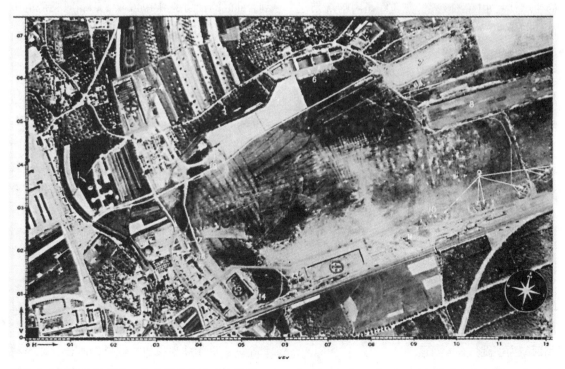

德国南方距离英国更近，这里的设施毫无隐蔽性可言，这是 1943 年 5 月 13 日盟军侦察机拍摄的洛文塔尔工厂。

4 月 24 日轰炸过后，盟军侦察机拍摄了轰炸效果照片。照片左上角的注释里写的是：腓特烈港-洛文塔尔-飞机工厂 X 机场。

乌门多夫位于腓特烈港东北约 65 公里处。这里有个锯木厂，用来组装原型机和预生产型的机身。

然而德国南部的区域并不安全，尤其是在德国空军拦截能力不足的情况下。一系列空袭接踵而至。首先是在 1944 年 3 月 16 日，美国陆航第八航空军执行 262 号任务，任务目标是攻击德国南部地区，其中 197 架 B-24 轰炸了腓特烈港，参加此次任务的飞机里有 5 架损失、1 架重伤无法修复。

3 月 18 日，第八航空军执行 264 号任务，继续攻击德国南部地区的飞机工厂。上法芬霍芬和周边目标遭到 284 架 B-17 轰炸，这次有 8 架轰炸机损失、102 架受损。196 架 B-17 轰炸慕尼黑和周边目标，又炸了一遍上法芬霍芬，这一批飞机中有 7 架损失、1 架无法修复、80 架受损。另外的 227 架 B-24 轰炸了腓特烈港和曼泽尔工厂等目标，其中 28 架损失，3 架无法修复，60 架受损。

4 月 24 日是第 315 号任务。第八航空军的 84 架 B-17 轰炸上法芬霍芬，腓特烈港和周围目标则被 243 架 B-17 轰炸。这天第八航空军出动 754 架轰炸机，总损失 40 架。

1944 年初，统管战斗机生产的战斗机专案组（Jägerstab）成立之后，Do 335 也是它所颁布的生产分散计划的一部分，此时施佩尔手下负责这方面事务的是卡尔-奥托 · 绍尔（Karl-Otto Saur）。现在主要目标是增加飞机产量和保护工厂，第一步是开始每周 72 小时工作制，同时检查独立工厂的效率。每个飞机生产厂都派驻了一名代表，生产厂也要向柏林的战斗机专案组派一名代表。

轰炸和疏散计划都造成了影响，生产计划要相应调整。到了 1944 年 6 月 7 日，希特勒亲自向绍尔下令，要加速 Do 335 生产。

7 月 6 日，即道尼尔发布制造说明的两天后，绍尔在战斗机专案组的会议上谈到了 Do 335 生产。他的发言如下："Do 335，另一种将有巨大数量的飞机，正在进入生产。这种飞机是革命性的创新，前后都有螺旋桨。生产将于 11 月的 1 架飞机开始，然后 12 月 1 架飞机，但等到明年中期会增加到 100 架，年末会增加到 350 架。这个产量会维持，另一种型号则会制造 470 架，最后是 525 架。这些数据只是双发战斗机型。另一种轰炸机型会早至 8 月开始生产，先是 1 架，然后是 3 架、5 架，到明年夏季达到

120 架。远程侦察型会从 10 月开始生产，完成 3 架，然后是 8 架和 15 架，明年年中达到 55 架。然后保持这个生产率，总产量会达到 525 架。这种型号会出现 4 种教练版本，最后生产终止。"

这天还进行了一些其他讨论，关于亨克尔在奥拉宁堡的 He 177 生产线，这里应当在现有生产完成后转入 Do 335 生产。

绍尔所说的生产计划规模较小，很快就又有改变。7 月 8 日，米尔希发布了第 226 号生产计划，这个计划相对之前的主要变动是用 Do 335 换下令人失望的 He 177 重型轰炸机。道尼尔在上法芬霍芬的工厂将从过时的 Me 410 转换到新型号上，而奥拉宁堡的生产计划是在 1945 年 2 月生产 2 架，3 月 10 架，4 月 18 架，5 月 30 架，6 月 49 架，7 月 70 架，8 月 100 架，

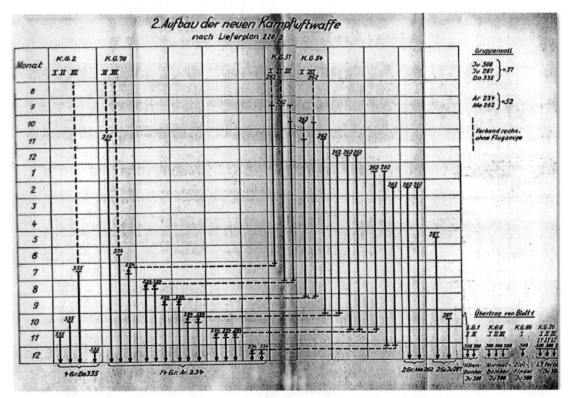

第 226 号生产计划，第一行是部队，第一列是对应的换装月份。可见第 2 轰炸机联队（K.G.2）预定使用 Do 335。其余的部队则使用 Ar 234、Me 262、Ju 288 和 Ju 387。

9、10 月各 150 架，11、12 月各 200 架。

此时高层已经意识到了施瑞威斯少校的三大队要拖延到 1945 年 7 月才能准备好，而第 2 轰炸机联队的二大队要等到更晚的 10 月，一大队则在 11 月，另一个未定编号的额外大队在 12 月准备完毕。其他的轰炸机联队此时将换装 Me 262、Ar 234、Ju 287、Ju 388 这些型号。按照计划，使用 Do 335、Ju 287、Ju 388 的大队将拥有 37 架飞机，装备 Me 262 和 Ar 234 的大队则拥有 52 架飞机。

除了轰炸机部队以外，到了 1945 年末，还将有 8 个重型战斗机大队和 13 个远程侦察中队装备对应型号的 Do 335。

大规模生产的雄心壮志很快又遭到打击，7 月 20 日，美国陆航第十五航空军轰炸腓特烈港周边目标。由于洛文塔尔的工厂损伤严重，上法芬霍芬也没有准备完毕，道尼尔只得将预生产型的生产中心临时转往门根。

战斗机专案组在 8 月 1 日解散，管辖的事务转给施佩尔的军备部。刚过了两天，第十五航空军又轰炸了洛文塔尔，将这里剩下的东西几乎全部毁掉。

一系列轰炸的结果就是腓特烈港周边工厂无法有效加入 Do 335 大规模生产，型号开发工作也被拖慢。施利布纳先生写到了当时的情况："飞机组件的生产散落在康斯坦茨湖周围，所有组件都要运输到腓特烈港。很多物资已经在这里被摧毁。曼泽尔的主要工厂也被摧毁了。按我的看法，这里不可能恢复到正常生产水平。结果广为人知。"

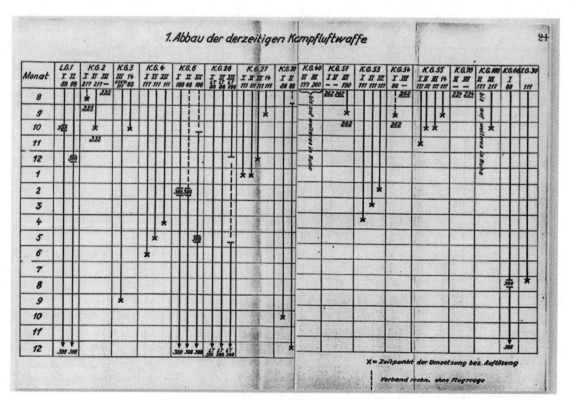

1944 年 7 月发布的轰炸机换装计划表，第一行是部队和当前装备的型号，第一列是对应的换装月份。这个换装计划规划到了 1945 年末，注意和第 226 号生产计划的细节有所不同。

第 226 号生产计划中的驱逐机（重型战斗机）换装计划表。可见此时有很多没确定部队的 Do 335 换装计划，当然最后也没有驱逐机部队得到新飞机。

在这段时期，Do 335 夜间战斗型的优先度又提升起来。8 月 15 日，为了改善生产管理，另外成立了一个首席发展委员会（简写 EHK），负责协调所有德国飞机发展。委员会由罗鲁夫·勒克特（Roluf Lucht）中将领导，顶尖的航空业专家负责管理各种类飞机，例如昼间战斗机交给了威利·梅塞施密特，库尔特·谭克负责恶劣天气和夜间战斗机，轰炸机则是容克斯的首席海因里希·赫特尔教授负责。

9 月 22 日，第 226 号生产计划添加了一份补遗附件。这份附件确定了 Do 335 双座教练型的生产计划，包括 A-10、A-11、A-12 型。其中 A-10 应该由腓特烈港-洛文塔尔负责改装，路德工厂负责 70 架 A-11 型改装，还有此后的 A-12 和 A-13 型。

10 月 17 日，首席发展委员会在柏林召开了一次会议，会议上讨论了 Do 335 的生产计划。他们提出大部分 A-1 型应该改装成 A-6 夜间战斗型，位于菲尔特的巴赫曼 & 布鲁蒙塔尔（Bachmann & Blumenthal）工厂要加入组装。路德工厂要把 70 架 A-1 型改装为 A-11 教练机。B-2 型要在道尼尔的慕尼黑、亨克尔的奥拉宁堡、路德工厂三个地方生产。还要再制造 203 架 B-12 型和 135 架 B-13 型教练机。

接着是在 1944 年 10 月 25 日，装备部提出了一个新的远期生产计划。除了 Do 335、Ta 152、Ju 388 以外，还有 He 162、Me 262、Ar 234、Me163 这些喷气和火箭动力飞机。这个计划被称为"理想方案"，内容很符合它的名字，飞机月产量 9000 架。还有一个"现实方案"，要求相对较低，飞机月产量在 5700 至 6700 架之间，取决于各种型号的情况。如果 He 162 很成功，那么每个月产量要增加 1000 架。

在这个"现实"的计划中，飞机型号和月产量为：Do 335，300 架；Ta 152，1500 架；Ju 388，200 架；Ar 234，300 架；He 162，1000～2000 架；Me 262，2000 架；再加 400 架各种教练型号。

这个计划中的产量还是太过分，与"现实"这两个字八竿子打不着。于是到了 1944 年 11 月，德国人又开始实施"紧急方案"，对应 5400 架月产量。这个方案里的 Do 335 生产将持续到 1946 年，而且包括了 Bf 109 和 Fw 190 两种旧型号，它们将作为过渡产品继续生产，直到真正完成转产。其中 Do 335 的部分是每个月生产 200 架重型战斗机和夜间战斗机型，Ju 388 也是每个月 200 架重型战斗机和夜间战斗机型，Ta 152 每个月 1000 架，Me 262 每个月 1500 架，Ar 234 每个月 200 架，He 162 仍是 1000 至 2000 架，最后加上 300 架教练机。此时 Me 163 实际上已经失败，被后两个方案排除在外。生产开始后，每种飞机都要分配一名负责军官，处理出现的生产问题。Do 335 的负责人是鲍尔（Bauer）少校。

试图管理生产的人太多，不论他们制订了多少计划，最后还是得由生产商来制造飞机。按照道尼尔自己在 1944 年 11 月的生产计划，Do 335 生产按照几个阶段进行。总共 6 个工厂会参加生产，还有大量子承包商，负责各种组件生产，但由于记录缺失，已经无法查证是哪些。

已知腓特烈港周边参加生产的地区有：巴特沙根（Badschachen，腓特烈港东南约 18 公里处）、康斯坦茨、朗根阿根、曼泽尔、梅尔斯堡（Meersburg，腓特烈港西面约 16 公里处）、门根、拉芬斯堡、辛根（Singen，康斯坦茨西面约 27 公里处）、西布里克（Seeblick，腓特烈港西面约 12 公里处）、施特罗梅耶斯多夫（Stromeyersdorf，康斯坦茨城内）、乌门多夫、恩济斯韦勒（Enzisweiler，巴特沙根北面 1 公里）。

这是 Do 335 计划产量最高的时候，具体生产分配为：

道尼尔腓特烈港工厂：1943 年至 1945 年 9 月，生产 85 架飞机。

道尼尔慕尼黑工厂：1944 年 10 月至 1946 年 12 月，每个月平均生产 86 架。

亨克尔奥拉宁堡工厂：1945 年 1 月至 1946 年 3 月，每个月平均生产 82 架。

路德工厂，不伦瑞克：1945 年月至 1946 年 3 月，每个月平均生产 54 架。

腓特烈港工厂生产计划		奥拉宁堡工厂生产计划		慕尼黑工厂生产计划		不伦瑞克工厂生产计划	
型号	数量	型号	数量	型号	数量	型号	数量
原型机	20	B-4	550	A-1	260	A-11	70
A-1	10	B-7	681	A-3	20	A-12	113
A-10	20	总数	1231	A-6	165	A-13	90
B-0	12			B-2	1040	B-4	488
B-1	23			B-4	828	B-6	270
总数	85			总数	2313	总数	1031

按型号分类的总产量			
型号	数量	型号	数量
A-1	270	B-0	12
A-3	20	B-1	23
A-6	165	B-2	1040
A-10	20	B-4	1866
A-11	70	B-6	270
A-12	113	B-7	681
A-13	90	总数	4640

已经遭到相当打击的腓特烈港区域只负责原型机和少量早期型号生产，慕尼黑周边工厂是主要生产地。不过 Do 335A 的总装点仍在腓特烈港，慕尼黑工厂提供机身，机翼则来自拉芬斯堡。有部分组件会在兰茨贝格（Landsberg）生产，魏尔海姆则将建立一个奔驰发动机和传动轴的中转仓库，所有零件通过火车运往上法芬霍芬装配。

亨克尔的奥拉宁堡工厂也是主要产地之一，亨克尔的维也纳工厂预定用 A-1 型改装 20 架 A-6 型。最后是路德工厂，将生产 1031 架 A、B 型飞机。此外还有计划将 A-1 型改装为双座教练机。巴赫曼 & 布鲁蒙塔尔工厂会是 Do 335 主要维修点，这里还有将 210 架 B-2 型改装为 B-6 型的计划，改装工作从 1945 年 3 月持续到 8 月。

这个生产计划在发布两天后进行了一个小

修正，安排容克斯在 1945 年 5 至 8 月之间制造 4 架双体 Do 335 原型机，腓特烈港在同一时期制造 8 架安装 DB 603L 发动机的原型机。

11 月末，335 测试特遣队消亡之后，装备计划也有所更改。最初准备和三大队同期换装的第 3 夜间侦察大队改为 Ar 234，而第 5 远程侦察大队将换装 Do 335。这个远程侦察大队主要负责与 U 艇配合作战，理想装备是设计中的双身型 Do 335。

下一个波折在 1944 年 12 月来临，这个月的第一天，雷希林测试中心进行了第二次新装备展示。此时米尔希已经失势，前来参观的核心人物是负责组织生产的奥托·绍尔。早晨 8 点钟展览开始，上午展示了一系列陆军和海军武器。午饭过后，绍尔一行人前往附近机场，在这里参观了最新的飞机，包括 2 架 Do 335 原型

绍尔参观雷希林测试中心的照片，这也是已知唯一一张 V5 号原型机的照片。

机和 1 架 He 162 木制模型。

下午的试飞顺序是：Me 262A-1a、Ar 234B-2、Ar 234C-3（可能是 V21 号原型机）、Ju 388V2、Do 335V5。这次展示起到多大作用现在无从判断，没过多久，在 12 月 15 日发布的第 227 号生产计划里，Do 335 的生产数量削减到 3135 架。

这个计划的分配是腓特烈港再制造 5 架 A-0 和 20 架 A-10 型，慕尼黑工厂制造 50 架 A-1、560 架 B-2、400 架 B-4，再将 30 架 A-1 改装为 A-6。奥拉宁堡工厂制造 420 架 B-6、470 架 B-8，路德工厂制造 200 架 B-6 和 325 架 B-8，另外再改装 125 架 A-12 教练机。此外还有 230 架 A-1 和 160 架 A-6 的生产计划，但没有确定由哪个公司负责。新计划大幅度减少普通重型战斗机和侦察机的产量，增加了高空型号。

首席发展委员会又开了几个会，决定 Do 335 夜间型的问题。12 月 19 日至 20 日的会议上，库尔特·谭克报告说："现在的夜间战斗机比蚊式差。Do 335 到 1945 年中期都是合适的，在那之后，只有 Me 262 和 Ar 234 可以形成一个临时解决方案，直到新的三座飞机——必须尽快提供——可行为止。"

罗鲁夫·勒克特报告说："Do 335 现在作为双座型制造，可能之后有三座型。第三个人可以坐在后机身，类似于 Ar 234B，后面的奥托（指奥托循环，四冲程活塞）发动机可以改成一台涡轮喷气发动机，可能是 HeS 11。"

会议总结是："Do 335 计划需要检查，如果成本太高，就要在开始的时候放弃。阿拉道和梅塞施密特将尽快给谭克博士递送报告，提供继续工作需要解决的细节。装备细节也需要弄清楚。"

1945 年 1 月 24 日的会议特别提到了 Do 335 夜间战斗型的进度。会议上再一次说到起落架问题，原始的会议纪要对彼得·道尼尔提出批评："他把 Do 335 当成一个宣传运动，赞美他飞机的优点超过喷气式。"这份文件暗示他的态度相当不配合。

接着委员会要求 V17 号之后的原型机"尽一切可能加速制造"。但从 V17 开始，没有任何一架原型机在战争期间完工。

到了最后阶段，德国人终于意识到之前的计划全都是幻梦，甚至是已经削减了产量的第 227 号生产计划。鉴于航空工业受到的打击，在这个月里提出了比较现实的生产计划，将 Do 335 的产量大幅度削减到仅仅 238 架。

1945 年 1 月生产方案						
型号	工厂	3 月	4 月	5 月	6 月	7 月
A-6	上法芬霍芬工厂	3	15	10	2	—
A-6	巴赫曼 & 布鲁蒙塔尔	—	10	35	35	—
A-11	巴赫曼 & 布鲁蒙塔尔	5	10	15	—	—
B-2	上法芬霍芬工厂	2	8	20	44	—
B-6	路德工厂	—	—	8	6	10
总数	—	10	43	88	87	10

地下飞机工厂

装备部在 1944 年曾经计划建设森林和地下工厂，以保护飞机生产线。6 个计划中的大型碉堡，3 个在兰茨贝格/莱赫地区，代号分别为"戴安娜 2""坚果 2""葡萄园 2"，只有最后一个在战争末期接近完工，其他都在 1944 年 12 月放弃。一些互相冲突的德国文件说"葡萄园 2"是优先给 Do 335 使用，其他的给 Me 262 使用。每个碉堡可以提供 300 架月产量。

"葡萄园 2"在 1944 年 12 月开始在一个山谷里建设，兰茨贝格地区设立了 11 个达豪集中营的分支营地，用来提供劳工。"葡萄

"葡萄园 2"工厂的航拍照片，部分屋顶已经完工。很有趣的是，美国人在照片顶部的注文是"航空弹药库"。

园 2"计划长度 400 米，高度 30 米，有 5 米厚的强化混凝土顶盖。建造方式是现在山谷底部构筑矩形截面的坑道，顶部留一些活门。然后往上面倾倒大量砾石，形成一个半圆形顶部。然后再往上面敷设强化混凝土，第一层混凝土构筑完毕之后，打开活门，运走砾石，将它搬到第二个施工段上。外面的混凝土层则继续补强，直到达到预定厚度。然后计划给内部安装 6 层预制混凝土地板，再加上复杂的铁路系统，用于运输原材料，以及将完工的飞机送往附近机场。

随着工程展开，纳粹管理层开始抱怨进度缓慢，很顺便地忘了劳工的生存状态。如果他们能像样地对待劳工，提供足够食物和医疗救助，工程必然会快得多。美国人占领这个地区之后，让附近的居民来帮助掩埋死人。附近居民都不知道这些设施的作用，武装党卫军禁止他们靠近，甚至还向太好奇的人射击。战后美国人接管了工程，在第一层屋顶内又造了一层屋顶，将这里作为反核弹掩体。

"葡萄园 2"建筑时的照片，从这个角度可以直观地感受到它有多巨大。

1 月 30 日，新上任的战斗机兵种总监戈登·戈洛布（Gordon Gollob）上校发布了一份文件，内容是关于 Do 335 的功能，他认为这是夜间战斗机的最佳选择。到了 3 月初，B-6 夜间战斗型的生产计划出台。目标是 2 月 12 架，3 月 5 架，4 月和 5 月 20 架，6 月 50 架，7 月 75 架，8、9、10 月每个月 100 架，这个计划的总数又比 1 月的有明显增加。但实际上只有奥拉宁堡工厂生产了少量 B-6，数量不明。一些飞行员日志和苏联方面的报告都提到了奥拉宁堡的 Do 335。

空军在 2 月 14 日提出解散 4 个测试单位，由于道尼尔的进度一直很缓慢，其中就包括了 335 测试特遣队的残余部分。另外三个要解散的测试单位分别负责 Me 163、Ju 388、对地攻击机。但到了 3 月初，那三个测试单位都合并进雷希林测试中心，335 测试特遣队却继续留了下来。3 月 12 日的一封电报确证了这件事，它的内容是："335 测试单位不会解散，依照元首的紧急计划，测试要继续。"

3 月 22 日，航空武器技术主管提出不必要的活塞战斗机：Bf 109、Fw 190、Do 335 全部都要取消，将生产设施解放出来，给喷气飞机用，活塞型号只留下 Ta 152 和 Ju 88。这个提案没有通过，这次的反对者是元首本人。主管在第二天的日志中写道："元首不同意取消 8-335。他坚持需要进一步实际服役测试。"

3 月 26 日，装备部的会议上这样说："8-335 的技术发展继续进行，强调测试飞机要混合安装奥托和喷气发动机。"这意味着 Do 335 回到了紧急生产计划中。在这天还有一份文件，以元首的名义下发，里面包括特殊飞机、陆军武器、枪炮的名称提议名单。在这份名单中，Do 335 被希特勒命名为"箭"。这个名字在战后经常使用，战争剩下的几天里反而基本上没用过。

Do 335 的最终生产计划在 3 月 28 日出台，产量减少到每个月 15 架。不知此时究竟还剩下多少人对投产抱有希望，毕竟飞机工厂在战争最后一个月仍在遭受轰炸。4 月 8 日，巴赫曼 & 布鲁蒙塔尔工厂吃了炸弹，损失严重。第二天，上法芬霍芬的跑道、机库，还有其他一些建筑也遭到严重破坏，6 架制造中的飞机被炸毁，15 架受损。

4 月末，盟军部队占领了德国南部的各个工厂，Do 335 生产计划正式宣告终结。可见在战争临近结束的这几个月里，Do 335 的生产计划还在无止境地争论。然而无论谁负责、谁支持、谁反对、谁实施，所有生产计划都没有实现，即使是最后的小规模生产方案。实际上道尼尔也只制造出少量飞机，总数大约 40 架，包括 17 架原型机、19 架预生产型、数量不明的生产型。

Do 335 项目失败的主要因素有几个。首先是项目开始的时间太晚，由于德国空军的拦截能力不足，美国人的轰炸立刻产生巨大影响，严重打击了道尼尔公司。其次是 Do 335 本身的问题，重要的起落架脆弱和后发动机易起火一直没有得到解决。德国高层在 Do 335 问题上的犹豫不决又拖慢了进度：飞机开始招标和设计时，德国空军的战况似乎还不是很紧急，然而美国陆航的轰炸让形势在几个月内急转直下，于是 Do 335 在争吵中缓慢地变成重型战斗机。最后道尼尔公司本身的工作情况也很糟，公司上下似乎并不想为纳粹帝国卖命到死，这点也许很大程度上是 1944 年初受到的轰炸造成的。

关于最后这一点，施瑞威斯少校描述说："考虑到战况，毫无疑问，很多工人意识到了他们的努力毫无意义，因此缺乏动力，又很不满。此外，国外劳工和集中营囚犯开始频繁搞破坏。损坏的液压管线、脱落的螺栓、滑油系统中的金属碎屑都是有效的手段。如果没人发现它们，对于不留心的飞行员来说会是致命的。"

飞机工厂编号范围	
230001 至 230025	V1 至 V25 号原型机
240101 至 240125	A-0 和 A-10 型
240159 至 240165	A-1 型
240241 至 240249	B 型（详细不明）
240301 至 240310	B 型（详细不明）

第四节　后期改进计划

在人类航空史上，作为非常规布局之一，双体飞机不算罕见。但德国设计师明显更偏爱双体飞机，他们比任何其他国家的设计师更喜欢这种布局。

亨克尔公司首先推出 He 111Z 型，将两架 He 111 拼接在一起，在中央机翼连接处再增加一台发动机，以强化动力。He 111Z 颇为壮观，它的设计目标是拖曳巨大的 Me 321 滑翔机，亨克尔还有将其改装成远程侦察机或远程轰炸机的计划。遗憾的是，德国人虽然设计了很多种类的双体飞机，只有 He 111Z 投入使用。

下一个型号已在前文出现过，作为 Do 335 的竞争对手之一，梅塞施密特将 2 架 Bf 109 拼接成 Bf 109Z 型。Bf 109Z 制造了一架原型机，但在盟军轰炸中受损，没有飞行过，而后计划在 1944 年彻底取消。其他大量双体型号都停留在纸面上，道尼尔也参加了这场双体飞机运动，但拼接设计主要由亨克尔进行。

此前配合 U 艇进行作战行动的远程飞机是 Fw 200 和 Ju 290，它们的基础设计都算不上好，而且随着战况发展迅速过时。于是到 1943 年末，帝国航空部发布了一个招标，需要一种远程侦察机，目标是用来对海侦察和配合 U 艇作战。为此新飞机要有 6000 公里航程，才能完成远程海上任务。

之前已经提到，亨克尔的维也纳工厂负责部分 Do 335 夜间战斗型，亨克

尔公司还设计了高空型 Do 335 的延长机翼，对道尼尔飞机比较了解。新飞机项目便交给了亨克尔，而亨克尔基于内油量很大的 Do 335 设计了 P.1075 方案（编号为 Do/He 635），也算是合理的结果。

这个系列项目最初也被称为 Do 335Z，设计进度相当缓慢。直到 1944 年 10 月 12 日，容克斯公司召开了一个内部会议，参加的人包括海因里希·赫特尔和其他设计组的人员，议程是讨论现在 Ju 88 和 Ju 388 的状态。他们在会议上也考虑了 Do 335Z 方案，此时第一架原型机预定的飞行时间是 1945 年秋季，经过讨论之后，容克斯公司决定接过这个项目，加速开发进程。

道尼尔-亨克尔的 Do/He 635 方案是比较简单的拼接，与 Bf 109Z 相同，绝大部分组件是现成的。新组件只有两个机身之间的连接翼段，机翼外段来自 Do 335B 型飞机，发动机是 DB 603E-1，起落架原封不动照搬，尾翼也是如此。这个设计无疑在生产性和维护性上很出色——只要 Do 335 能解决问题并正常批量生产的话。

He 111Z，德国空军第一种拼接的双体飞机。

不过与预定完全封闭一侧座舱的 Bf 109Z 不同，Do/He 635 是双座飞机，两侧座舱都保留。飞行员在左侧座舱里，无线电操作员在右侧。两个座舱有相同的操作系统，也都有座舱增压和弹射座椅。按照预定计划，这种飞机会执行长达 12 小时的任务，考虑到飞机内的狭窄空间，飞行员在身心两方面都面临着极限考验。雷希林测试中心的周报先提出了这个新问题，之前所用的远程型号都是大型运输机，机组可以在相对宽敞的机身内休息。

容克斯设计组检查这个设计之后，赫特尔教授发现该机只需要很小的改动，乐观地认为次年 2 月就能完成第一架原型机。

第一次正式项目会议之后两天，设计组又开了一个会。工程师们发现亨克尔的设计有问题，机身之间的间距太大，垂尾又太小，让飞机在一台发动机失效后难以控制。此外飞机的重心也有问题，尾部太重。最后是起落架设计，4 个标准 Do 335 起落架加上中央翼段 2 个可抛弃的临时起落架，这套系统太复杂。

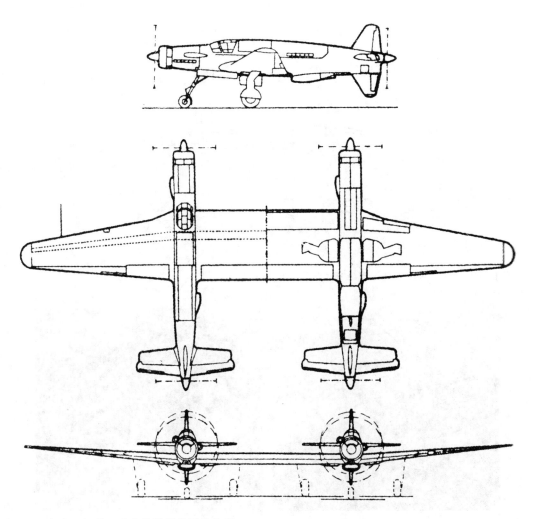

Do 635 方案三视图，这是最简单的拼接方案。

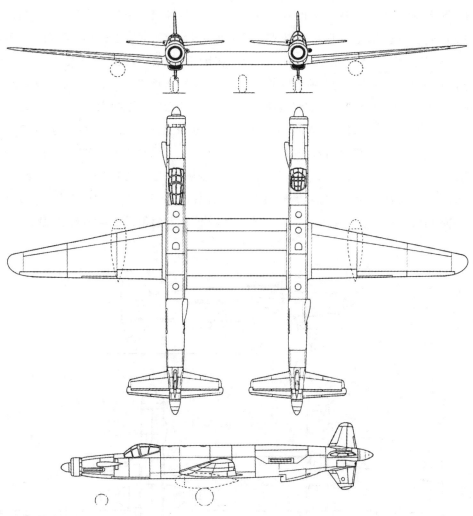

Ju 635 方案，可以看到它已经有了很大幅度的改进。

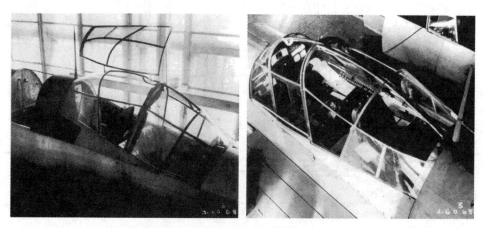

容克斯完成了飞机两侧座舱的全尺寸木制模型，这是遗留下来的照片。

设计组提出了改进方案，可以改用 Ju 352B-1 运输机的起落架，加上 1 个临时起落架，用于重载起飞。两个前轮沿用了 Do 335 原始组件。主起落架改到机身下，向后方收进机身内部。后来主起落架还有一个强化版本，本也是预定给 Ju 352 使用的型号，机轮会从 1320 毫米×480 毫米扩大到 1440 毫米×520 毫米。

临时起落架和之前的一样，仍安装在中央翼段，本身也是 Ju 352 的起落架，重量 420 公斤。在飞机起飞后，临时起落架会被抛弃，用自带的降落伞返回地面，以便再次使用。

飞机的机翼是新设计，主要目标是增强航向稳定性。中央段的宽度减小到 7 米，弦长增加到 5 米以增加燃料容量。为了维持整个机翼的展弦比，两侧外翼段的翼尖各增加 1 米宽度。在后来的发展过程里，容克斯设计组怀疑飞机燃料容量不足以达成 8000 公里航程，决定将中央翼段的弦长进一步增加到 7.5 米。

机身仍利用了已有组件，但是由于内外翼段已经有很大不同，两侧机身也不完全一样。此外机身中段有加长以容纳起落架和其他设备，现在总长度为 18.5 米。

在 10 月 16 日，航空部人员和第 5 远程侦察大队的队长埃尔温·费舍尔（Erwin Fischer）少校向道尼尔、亨克尔、容克斯公司代表发布了新要求，飞机的航程要达到 8000 公里，机内空间大部分用于携带燃料，但一侧机身内要携带 300 公斤标记弹。他们希望 1945 年 1 月能交付第 1 架，2 月、3 月、4 月各交付 3 架，5 月交付 4 架。

之后各方又开了几个会，要求道尼尔尽快制作实体模型。模型在 11 月 1 日率先完成，道尼尔还交给容克斯一个标准 Do 335 机身，以便容克斯检查飞机细节。同一天，航空工业委员会开了另一个会，谈到这种飞机的生产问题："DWM 工厂要交付 60 架 B-2/B-4 型的机身给容克斯，用于生产 30 架双身飞机……金属结构工厂将生产双身飞机的大型机翼。如果有必要，可以用 DWF 工厂的 B-0 型机身换下 B-2 型机身，机翼将储备起来。"

此时项目已经决定完全移交给容克斯，新飞机在容克斯的设计制造编号是 Ew 3670。在 11 月里，该设计得到订单，要求制造 4 架原型机和 6 架 A-0 预生产型。后继的总产量可能达到 20 架。此时期望它能达到 7400 公里航程和 680 公里/小时的最大速度。

在 11 月 3 日至 18 日这两周里，容克斯改动了飞机座舱设计。现在左侧机身改成双座座舱以容纳飞行员和导航员。新座舱盖有点像 Ju 388 的款式，右侧是副驾驶座舱，尺寸较小。导航员和副驾驶会配备天文导航设备，以及可用 8 小时的氧气。飞机只有一个登机梯，安装在中央翼段上，机组通过中央翼段进入两侧座舱。

Ew 3670 的发动机组件仍是 Do 335 的，里面是 DB 603E-1 发动机。鉴于飞机尺寸大幅度增加，显然在同样功率下，它的速度不可能达到 Do/He 635 的水平。机腹可以安装两个静态推力 2200 公斤的助推火箭，在满载时协助飞机升空。此外 Ju 635 的机翼机身油箱都有大幅度扩张，还计划在机翼下挂载 2 个副油箱。

目前整机的油箱情况为：

每一侧外翼段有 2 个油箱，分别为 310 和 540 升。

中央翼段有 4 个油箱，2 个 1915 升、2 个 1250 升。

6 个机身油箱，左右各 3 个。左侧机身 1 个 540 升、1 个 1665 升、1 个 915 升。右侧机身 1 个 540 升、1 个 1665 升、1 个 485 升。

副油箱最大 2×1000 升。

滑油箱总共 235 升。

两侧机翼外段 MW50 系统液箱，2 个

175 升容量。

其他的主要设备包括左侧弹舱内安装 2 台 Rb 50/30 相机，以及 1 个 250 升 GM1 液箱，右侧弹舱挂载 6 枚 50 公斤标记弹。

这样，Ew 3670 的总油量可达到 15840 升（不算两种加力系统的喷液量）。另一个略微不同的方案达到了 17530 升，其中包括 2 个 1200 升副油箱。与之相比，德国空军之前使用的远程侦察机（例如 Fw 200F 型）最大燃料容量 12000 升。即使考虑到发动机升级导致的油耗增加，新飞机的续航时间也不会与 Fw 200F 相差太远。而因为飞机速度提高了很多，航程会有所增加。

1944 年 11 月 14 日，一架 Do 335 原型机（可能是 V7 号）抵达德绍，飞行员是容克斯公司的西格弗里德·霍尔兹巴尔（Sigfried Holzbaur）。他发现飞行员的后视野很糟，还抱怨襟翼收放缓慢。其他问题还有高速下滚转和俯仰动量不足，有轻微螺旋倾向，刹车性能也不足。这天容克斯公司还检查了飞机模型，3 天后，Ew 3670 方案获得 Ju 635 的正式编号。

在 11、12 两个月里，容克斯确定了飞机的无线电设备。飞机上要带 2 套收发机，包括标准的 FuG 16ZY，位于左侧机身，天线在左侧垂尾内。另一套是在更低频率工作的 FuG 10P，天线在右侧机身顶部，拖缆与中央翼段相连。无线电测向仪的环形天线安装在左侧机身下方。FuBl 2 盲降系统也在左侧机身内。FuG 101 无线电高度计位于右侧机翼下。飞机还要携带 FuG 25A 敌我识别器和 FuG 217 尾部告警雷达，再加上实现飞机核心功能的 FuG 200 对面雷达。可能还会补充 FuG 224 雷达，或者用它换掉 FuG 200。

11 月 27 日，第 5 远程侦察大队的费舍尔少校和穆勒（Muller）中尉检查了飞机模型，他们表示大致满意，然后提出一些座舱加热方面的建议。于是容克斯准备安装新的电热暖风机。12 月 6 日，又有其他人建议安装 Do 335A-4 侦察机式样的相机，再加 2 条 3 米长的充气艇，2 个 FuG 302c 无线电浮标，最后是"尽可能强"的后向自卫火力。

在 12 月 12 日，军方召开一个关于最新飞机型号的讨论会，戈林也参加了会议。会上确定了 4 架原型机的订单，侦察机兵种总监还要求将预生产型的制造量增加到 20 架，这有可能在 5 月实现。另外对道尼尔而言还有好消息：戈林不喜欢参与竞争的 Hu 211 型飞机，这个型号基于 He 219 的机身，在增大的木制机翼内储存额外燃料。12 月 21 日的一份文件提出了两种飞机的预定指标，Hu 211 计划安装 2 台 Jumo 222 发动机，配有 4 门 MG 151/20 航炮，航程 6400 公里，海平面速度 575 公里/小时，7000 米高度的最大速度为 700 公里/小时。Ju 635 的指标则是在 2000 米高度以 400 公里/小时巡航，这个条件下航程 8000 公里。最大速度是海平面 618 公里/小时，6000 米高空 726 公里/小时。

此时容克斯已经开始制造 4 架原型机，预计 3 月完成 V1 号，3 月完成 V2 号，接下来在 5 月制造 3 架预生产型飞机，6 月制造 4 架，7 月制造 5 架。

12 月 15 日，德国人准备把该设计方案卖给日本，但这个想法没有后继动作。到了 1945 年 1 月 8 日，航空部的备忘录中要求飞机安装 4 门固定向后的 MG 151 航炮，也可能安装遥控的型

号。设计组对此要求表示难以置信，他们在 17 日回复说这会严重损害飞机的性能，影响它的功能。回复中的一段是："……Ju 635 应该依赖于高速躲避敌人，就像英国的蚊式。"

接下来飞机比例模型进行了风洞测试，测试时安装了可自由转动的螺旋桨，测试发现翼尖有气流分离现象，但很奇怪的只有一侧机翼有这个毛病。设计组在这个月里还要求给飞机改用 C3 汽油，而不是一直以来供给液冷发动机的 B4 汽油。但航空部说这是不现实的，C3 汽油存量不足(此时仍有很多 Fw 190A 在使用)，然后又给容克斯加了一个在飞机上安装弹射座椅的要求。

1 月中旬的报告说由于劳工不足，额外飞机的生产要推迟。第一架飞机预定用于组件测试，

将在 3 月首飞。第二架原型机用于无线电测试，可能会拖到 6 月甚至 7、8 月。主要原因是机身交付困难，机翼设计也有问题。24 日，戈林再度施压，要求制造 10 架 Do 335，带 300 或 900 升副油箱，再加 20 架 Ju 635。

Ju 635 的设计工作可能持续到了战争结束，有多少额外进展尚不清楚。已知的是绍尔在 3 月 15 日发布一个命令，指示 Ju 635 项目要继续，但要以最简单的方式生产。然而在这个月内，预定的 V1 号原型机仍没有完成。

亨克尔和道尼尔的这两个型号都没有固定武器，主要使用相机和目标指示弹。虽然是有趣的设计，但它们已经失去意义和现实性。U 艇的水下战争已经失败，而且容克斯也没有余力推进设计和生产。

Do/He 635 设计案指标	
翼展	27.43 米
长度	13.85 米
高度	5 米
全重	32900 公斤
最大速度	725 公里/小时，6400 米高度
最大航程	7600 公里(载油情况不明)
发动机	4 台 DB 603E-1
机组	2 人
Ju 635 设计案指标	
翼展	27.45 米
长度	18.5 米
高度	4.95 米
机身间距	7.98 米
飞机空重	17500 公斤
内油总重	11840 公斤
2 个 1000 升副油箱	2000 公斤

滑油	248 公斤
3 名机组	300 公斤
指示弹	300 公斤
辅助起落架	420 公斤
最大起飞重量	32608 公斤
最大速度	730 公里/小时，6000 米高度 540 公里/小时，海平面
航程	8000 公里
发动机	4 台 DB 603E-1
装备(机身弹舱内)	Rb 50/30 照相机一台，或 250 升 GM1 液箱，或 6 个 50 公斤标志炸弹
电子设备	FuG 10 或 FuG 10K3P、FuG 16Z、FuG 101、FuG 25A、FuG 217、FuG 200、FuG 224
除冰系统	2 个 3000 瓦发电机供电的电热系统。

　　虽然施瑞威斯对 Do 335 很不满，但实际上道尼尔并非对喷气时代的到来毫无准备。道尼尔公司从 1943 年起就开始进行相关计划，不过设计师们倾向于使用混合动力，即喷气发动机加活塞发动机组合的形式。这种设计在当时还没有被证明不实用，至少看起来挺不错。

　　1943 年 5 月，Do 335 尚未首飞，道尼尔便推出了 P.232 设计案。这个设计方案基于 P.231/3，安装一台 Jumo 004 喷气发动机和一台 DB 603 活塞发动机。纸面上看，混合动力系统同时拥有两种发动机的优点，喷气式的高性能、活塞式的可靠性。反过来说，混合动力系统既不如纯活塞可靠，又没有纯喷气的性能，维护起来还需要两种发动机的工具和备件，其实是比较糟糕的思路。

　　总之，道尼尔已经这样设计了，至少混合动力飞机能够作为活塞到喷气之间的过渡产品。设计师期望它用活塞发动机起降和经济巡航，用喷气发动机提供作战所需的性能。航空部技术局在 1945 年 3 月给予这个计划高优先度，纵使它本身不可能实现。在这个时期里，技术局越来越放飞自我，甚至还在计划预定 1949 年才能使用的新轰炸机。

　　P.232 方案有两个版本，P.232/2 和 P.232/3，使用相同的 Jumo 004C 和 DB 603G 发动机，载弹量 1000 公斤。前者的设计最大飞行速度是 808 公里/小时，后者是 838 公里/小时。两个设计都使用了部分 Do 335 的组件，包括机翼和前发动机区域。后机身修改后安装喷气发动机，P.232/2 的进气口位于后机身两侧，P.232/3 的进气口则是在机背，两个设计都要取消下方垂尾。前方的 DB 603G 发动机准备安装 P8 螺旋桨。飞机油箱容量略有改动，机身内有 2 个油箱，分别为 1000 和 750 升。每一侧机翼各有 1 个油箱，每个 400 升。

　　DB 603G 发动机比 A、E 两个型号略有强化。G 型的压缩比提高到 8.3∶1，螺旋桨减速比增加到 0.52∶1，可使用 C3 汽油，最大功率

1900 马力。问题是 DB 603G 只有测试用原型机，生产计划还在最后阶段被奔驰公司取消。

Jumo 004C 的设计推力为 1200 公斤，它有一个加力燃烧室，比旧型号多出来的推力来源于此。这个型号在测试时达到了 1200 公斤指标，但没有达到生产阶段。Jumo 004C 计划在 1945 年投产，同样没有达成，实际投产的只有 B 型，生产在 1945 年 3 月终止。

设计案指标		
型号	P. 232/2	P. 232/3
翼展	13.8 米	
长度	14 米	
高度	4.5 米	
翼面积	38.5 平方米	33.5 平方米
展弦比	5	
空重	5370 公斤	5100 公斤
装备重量	5830 公斤	5560 公斤
可用载荷	2620 公斤	2190 公斤
起飞重量	8450 公斤	7750 公斤
翼载	219 公斤/平方米	231 公斤/平方米
海平面最大速度	660 公里/小时	675 公里/小时
最大速度(8.7 公里临界高度)	808 公里/小时	838 公里/小时
实用升限	13200 米	13300 米
爬升至 2000 米耗时	2.9 分钟	2.5 分钟
爬升至 7000 米耗时	6 分钟	5 分钟
爬升至 8000 米耗时	14.5 分钟	11.8 分钟
起飞距离	740 米	580 米
降落速度	148 公里/小时	148 公里/小时
活塞发动机	DB 603G	
喷气发动机	Jumo 004C	
武器	2 门 MG 151/20	2 门 MG 151/20, 1 门 MK 103
载弹量	最大 1000 公斤	
机组	1	

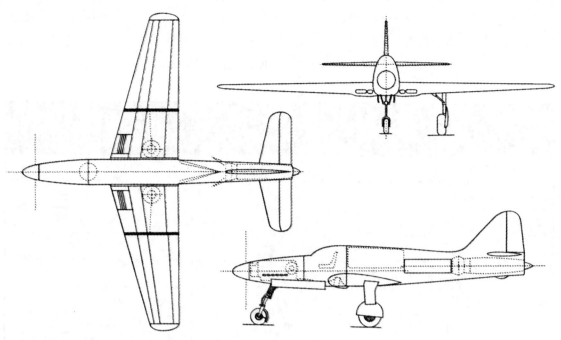

P. 231/3 方案草图。

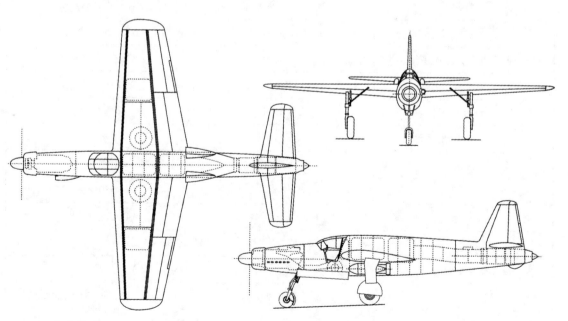

P. 232/2 方案草图。

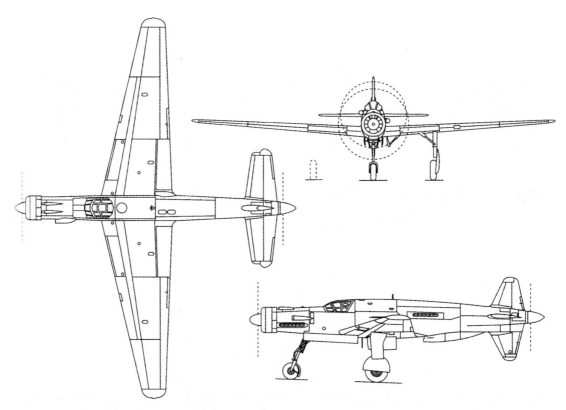

P. 237/3 方案，实际上成了 Do 335B 高空型的预案。

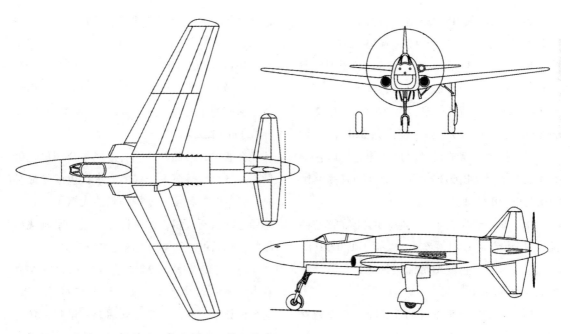

P. 247/6 方案草图，纯推进的战斗机就不算很特别了。

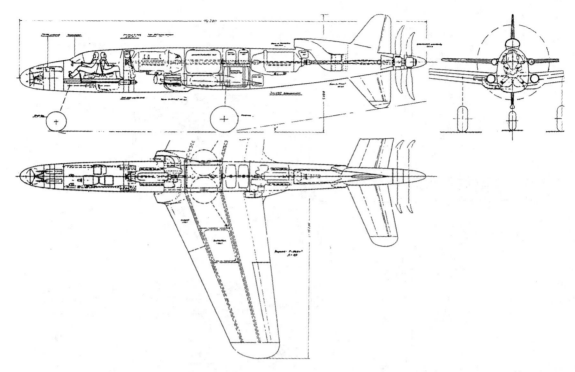

P. 252/3 方案，大致上是放大的 P. 247，但这个发动机布局——两台分开的发动机通过复杂传动系统驱动对转螺旋桨——是与最初竞标对手容克斯 EF 115.0 基本相同的套路。

1943 年 4 月，Do 335 计划成形之后，道尼尔开始设计基于 Do 335 的高空战斗机方案。这个方案的计划编号是 P. 237。这个方案针对航空部预想中的超高空作战而设计，预计飞机可以在 14 至 16 公里高度作战，为此搭配了 45.2 平方米的机翼、GM1 加力系统（总共 320 升）、增压座舱。这个方案的设计时间太早，所以在计划中安装的是 DB 603G，而非更晚而且高空性能更好的 DB 603L。

由于 DB 603G 实际上不能提供足够的高空性能，这个设计的 GM1 系统可能类似于 Ta 152H 的形式，可以随着高度增加而增加流量，提供更好的高空性能。

据称 P. 237 方案本身的设计配置在 5 月就完成了，但此后优先级不停改变，其他计划案也衍生出了高空战斗机型号。P. 237 的设计要素最终融入了 B 系列高空型上，最后也让位于 B 系列。

1943 年 10 月 17 日的 P. 238/1 研究案则是一种略微不同的教练机，在这个设计上，后座位于前座的左后方。发动机是 DB 603，也可能换成 Jumo 222。

在战争的最后几个月，道尼尔公司仍在继续新设计，包括很多牵强的方案，也就是最多画一张草图的程度。公司的想法大概不是真正想要造什么新飞机，如果设计人员忙于画飞机图纸，那么可避免他们被送上前线打仗。

下一个方案是 P. 247，这是与 Do 335 略微有点关系的战斗机设计案，至少有 6 种版本。这个设计案只有一台推进式活塞发动机，预计使用 Jumo 213T 或 Jumo 213J 型，安装在机身中央，通过传动轴驱动推进螺旋桨。

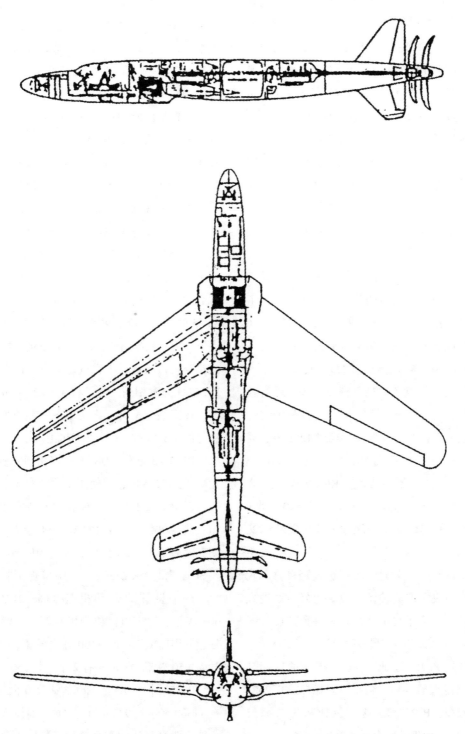

P. 252/2 方案三视图，这是机翼后掠角最大的一种。但此时活塞飞机的飞行速度还没有高到能让后掠翼充分发挥性能。

Jumo 213T 是一种废气涡轮增压型号,可输出 1750 马力起飞功率,2000 马力应急功率,废气涡轮可将它的临界高度提高到 11.7 公里。Jumo 213T 发动机仅停留在计划层面,此前的几个测试型号已经表明德国无力提供性能足够的废气涡轮。Jumo 213J 则是传统的机械增压发动机,设计功率比较高,但也远没有达到可投产的阶段。飞机两侧机翼翼根有进气口,给散热器降温。发动机进气口位于机翼上方的机身组左侧。

因为这是个战斗机设计方案,机内就会有 MW50 液箱作为标准配置。液箱容量 75 升,让发动机可以使用应急功率。机身内滑油箱容量为 110 升,燃油箱有 2 个,一个 260 升的无防护油箱、一个 400 升的有防护油箱。此外机翼上还有 2 个油箱,位于两侧机翼前缘,容量各 120 升。这个设计的总内油量有 900 升,就单台发动机可用的油量来说,比 Do 335 略低。

其他设计特点还包括气泡座舱盖,可有效改善视野,这是战争末期新战斗机必备的东西。机翼有较大后掠角,双翼梁,翼展 12.5 米,翼面积 26 平方米。机身长度 12 米,整机比 Do 335 小很多。飞机的武器包括 3 门 MK 108 航炮,全部安装在机头。主起落架轮胎尺寸为 840 毫米×300 毫米,前起落架轮胎尺寸为 630 毫米×220 毫米。

这个设计的长处是:飞行员视野良好、武器安装在中央、雷达装备的位置更好、推进式螺旋桨效率略高于拉进式。它只停留在设计图纸阶段,不过演化出了另一些设计。

首先是 P.252 设计案,这个方案的目标是一种夜间重型战斗机,包括三种版本:P.252/1、P.252/2、P.252/3。这些设计案的布局与 P.247 相同,但细节则有很大差异。

P.252/1 方案的机翼后掠角较小,翼展为 16.4 米,翼面积 43.2 平方米,没有其他机身尺寸数据。机组为 2 人,都在机头的座舱里。座舱前安装了固定武器,草图上是 4 门型号不明的航炮,另有说法称是 2 门 MK 108 和 2 门 MG 213 转膛炮的奇怪组合,还有 2 门"斜乐曲"式安装的 MK 108 航炮。

飞机空重为 7310 公斤,装备后重量 8290 公斤,最大起飞重量 10700 公斤。可在机外挂载 1000 公斤炸弹,内油量 1900 升。发动机是 2 台 Jumo 213J 型,通过延长轴传动机尾的同轴对转螺旋桨,进气口在机翼上方的机身两侧。翼根和机尾的大型进气口用于发动机散热。

P.252/2 方案在气动上有很多改动,让飞机更为修长,然而这个设计案也没有留下多少尺寸数据。已知机翼翼展为 18.4 米,后掠角加大到 35 度。油箱位于两台发动机之间,发动机的进气口仍在机身两侧,没有机尾的大型进气口,散热空气只能从翼根进气口进入。武器配置与 P.252/1 方案相同,发动机也是 2 台 Jumo 213J 型。夜间战斗型有 3 名机组,一般重型战斗机型号的机头较短,只有 2 名机组。

P.252/3 方案计划搭载 3 名机组,机翼后掠角减小到 22.5 度,但使用了层流翼型。后机身更接近 P.252/1 方案,有机背大型冷却空气进口。武器包括 2 门斜射的 MK 108 航炮,直射武器有两种说法,2 门 50 毫米的 MK 214A,或 2 门 30 毫米的 MK 213C,安装在座舱两侧。

这个设计的发动机是 Jumo 213J 或 DB 603LA 型,进气口仍位于机身两侧。两个机身油箱分别提供 700 和 1100 升内油量,还有 200 升 MW50 液箱。滑油箱有 2 个,共 250 升。

P.252 计划的性能指标估计数值非常高,可在 11300 米达到 930 公里/小时。但没人在意它们能不能真正达到这个速度,因为 P.252/1 和 P.252/2 方案在 1945 年 2 月 26 日发表,此时帝国元帅戈林已经决定反对道尼尔,表明喷气设计要有绝对优先权。所以即使战争能继续进行一段时间，这几个活塞设计也不可能成真。

P.254 方案有投产的希望，它甚至获得了 Do 435 这个编号。这个方案虽然编号比较靠后，但设计反而基于较早的 P.232，而且保留了很多 Do 335 的组件，例如前机身和起落架。主要的改动在后机身部分，这是为了安装喷气发动机，组成混合动力系统。喷气发动机进气道在机身两侧。机翼是新设计的层流翼，翼展 15.45 米，翼面积 41 或 43 平方米。子型号包括夜间战斗机、高空战斗机、远程侦察机。

1944 年 12 月 19 至 20 日的首席发展委员会会议上，负责夜间战斗机的谭克博士要求 Do 435 继续发展。不过乌尔里希·迪辛说需要的飞机设计案应该严格控制数量，考虑到德国航空工业的情况。勒克特更倾心于混合动力的 Do 335 夜间战斗机方案，而不是安装更先进活塞发动机的版本，他还建议道尼尔开发三座的夜间战斗机，即后来的 P.256 方案。

此外航空部还要求使用其他可替代的发动机，不只是使用 DB 603LA。道尼尔提出的对应方案包括：DB 603LA 和 HeS 011A、Jumo 213J 和 HeS 011A、Jumo 222 和 HeS 011A、两台 Jumo 222。可以确定的是 P.254/1 方案使用第一种组合，雷达操作员位于主油箱后方，喷气发动机的两侧进气道之间。

1 月 16 日，道尼尔发布了 P.254/1 方案的技术指标，两天后通知了勒克特一些信息。航空部技术局认为该方案可行，并且与道尼尔签署了合同。计划是 1945 年 5 月第一架原型机首

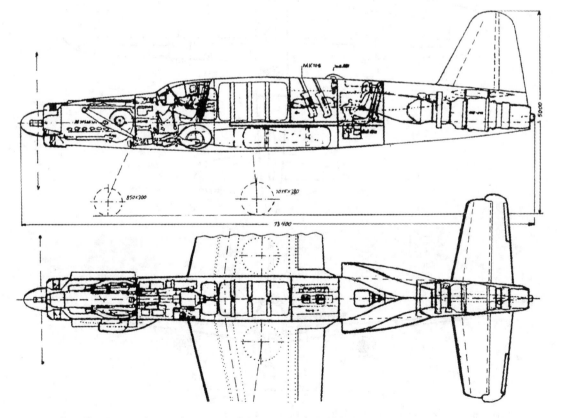

P.254/1 方案，第二名机组在后机身，发动机在机尾——对于飞机重心平衡很不利。

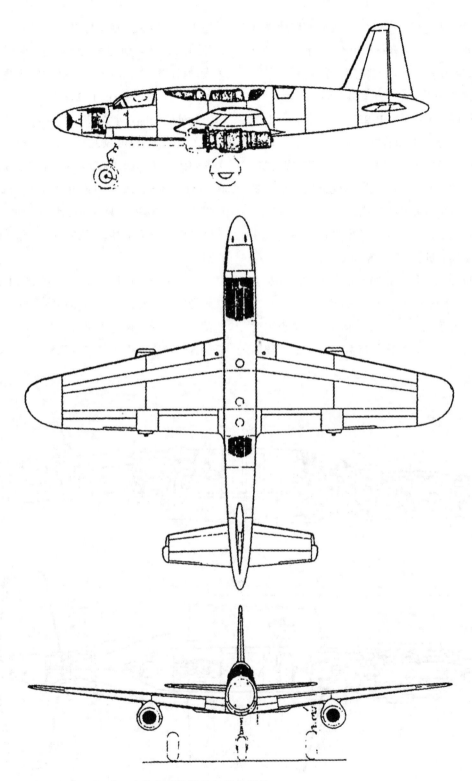

P. 256/1 方案三视图，这是个比较简单粗暴的设计。

飞，年末开始生产并交付给前线使用。此时预定 Do 435 作为战斗机管制飞机使用，这是个很新奇的思路，详情现在无法查清。总之，此后到战争结束，该设计案都没有明显进展。

关键的 HeS 011 发动机从 1942 年开始设计，亨克尔计划将它做成 1200 至 1300 公斤级推力的发动机，比 Jumo 004 大一截。1944 年原型机开始测试，推力达到 1100 公斤。HeS 011 的压气机是它最明显的特征，第一级轴流压气机过后，气流进入斜流压气机，这里有 3 级风扇。接着气流进入环形燃烧室，通过最后的 2 级涡轮喷出。

亨克尔没能成功量产 HeS 011，按照维护记录，一共只制造了 19 台发动机。亨克尔还有将它改成涡桨发动机的计划，编号为 HeS 021，但由于公司负担太重，这个项目转交给了戴姆勒-奔驰公司。

德国方面关于 Do 435 的遗存细节不多，盟军方面倒是有一些他们自认为相关的信息。1945 年 5 月 4 日，在盟军情报部门的报告里，V13 号机出现了。这份报告的内容是：

一架 Do 335 外形的飞机，但是安装了翼展大约 58 英尺的机翼，出现在 1945 年 4 月道尼尔的洛文塔尔工厂机场照片上。这架飞机很有可能是 Do 435——一种大翼展的 Do 335 发展型号，在 A. I. 2(g) 第 2137 号报告中描述过。

就目前可看到重新设计的机翼——比 Do 335 的更像锥形，翼展也更大——是唯一的大规模改动，尽管机身有可能加宽过。

这架可能是 Do 435 的飞机在 4 月里的大部分时间，都停在伪装网覆盖的掩体中，可能被摧毁了——和其他在洛文塔尔的飞机一样——在盟军占领工厂之前。

从这份报告内容来看，盟军情报人员显然对实际情况的理解完全错误，V13 号原型机只是安装了高空用的大展弦比机翼，不是真正的 Do 435。战后英国情报部门出具了另一份文档，名称是"德国飞机——新的和计划型号"，其中提到了 Do 435，说法又不一样："这个道尼尔计划，预定是一种夜间战斗机，是一种 Do 335 的改进版。主要的改动包括更宽的座舱，让两名机组并排乘坐，有增压座舱，加长木制外翼段。预定安装 Jumo 222 发动机。起飞重量接近 26000 磅。"

另外有与上述冲突的说法，称 P.254 设计案交给了亨克尔，并重命名为 He 535。这个说法来自于一份 1944 年 10 月 2 日的文件，就后继情况看来，可能并未真的转交给亨克尔。

首席发展委员会在 2 月 10 日要求开发一种三座夜间战斗机，新方案完成之前可以用 Ar 234 和 Me 262 的三座型过渡。

而后道尼尔上交的就是前述的三座夜间战斗机，也是一个纯喷气的设计方案，即 P.256 设计案。据称设计只花了半个月，这个方案的简单程度倒也对得起消耗的时间——传统布局，机翼下吊 2 台发动机，普通尾翼。机身长度为 13.6 米，机内安置 3 名机组，飞行员和雷达操作员坐在前方座舱里，导航员在后机身。

机组之间有 3 个油箱，分别为 1650、1300、950 升，再加每侧机翼前缘 1 个 375 升油箱。总共 4650 升燃料。

这个方案与 Do 335 只有很少的关联，它的机翼是预计给 Do 335B 型的层流翼改进版，翼展 15.45 米，面积 41 平方米。机翼下的发动机计划使用亨克尔的 HeS 011 型，飞机可安装助推火箭，减少起飞距离。

固定武器是机头的 4 门 MK 108 航炮，加 2 门 MK 108"斜乐曲"。可挂载 2 枚 500 公斤炸弹，作为战斗轰炸机使用。飞机装备重量 6860 公斤，最大起飞重量 11300 公斤。

第三章 终 曲

第一节 战利品

盟军在 Do 335 发展初期阶段就发现了这种飞机，但获得的相关情报很有限。1944 年 1 月 22 日，皇家空军的侦察机飞过洛文塔尔机场，拍下了 Do 335 的身影。2 月 24 日，侦察机再度在门根发现了 Do 335。两个月后，盟军正式确认新型号的存在。

皇家空军的情报部门在 11 月 1 日发布了一份报告：

经过整理各种来源的情报，尤其是照相侦察情报，让我们可以对这种飞机形成一个概念，以及对它可能发挥的作用有一定认识。最开始以为是喷气飞机，现在知道 Do 335 是更传统的发动机和螺旋桨推进方式。即便如此，现在报告中有很多冲击性的不寻常照片，有效地证明它在机头上有一个拉进螺旋桨，方向舵后有一个推进螺旋桨。

从今年 6 月以来，在洛文塔尔的道尼尔工厂机场发现了 Do 335 样本，最近更多在门根出现，怀疑和道尼尔的测试飞行有关。还在奥拉宁堡发现 1 架，在雷希林发现 2 架，发展可能已经到了比较进阶的部分。

这种飞机是中单翼，也可能是下单翼，有一个特别长的机头。机翼翼展和机长的比例很

1944 年 1 月 22 日的侦察机照片，一架 Do 335 原型机出现在照片右下。

低，是个出众的特征。机翼前缘后掠，后缘前掠到钝头翼尖。上反角比较明显。修长的机身显示出座舱就在机翼前缘后方的迹象。只有一个垂尾和方向舵，大翼展的平尾展弦比也比较大。估算的尺寸是：翼展46.5英尺到48英尺，长度39到43英尺，尾翼20到22英尺，机头长度10.5到12.5英尺。

Do 335的功能很可能是空战和战斗轰炸，但至于它什么时候会出现在作战行动中，现在没有令人满意的迹象确证。

在这之后，盟军方面只有几次值得怀疑的空中目击报告，但随着地面部队推进，很快就会确实地找到Do 335了。1945年4月末，美国陆军占领上法芬霍芬机场和周边工厂。美国士兵们很快就对废弃厂房里的奇怪飞机产生了兴趣。一个士兵问为什么飞机屁股后面有螺旋桨，某个搞笑的家伙回答说："这样它就能朝后飞了。"

为了把轰炸机造成的废墟弄点样子出来，美国人指示把所有剩下的Do 335集中到机场上，不论飞机制造到了哪个步骤。于是这个情况记录在了一张著名的照片里。

进入上法芬霍芬后，美国人在工厂里发现了一些生产中的Do 335。

上法芬霍芬机场中央，按照美国人指示堆放的 Do 335，可以看出它们残缺不全，附近的厂房早已成了废墟。

尚未完工的 240121 号，前面站了两名美国士兵。

盟军战后对道尼尔相关设施的调查结果	
地 区	功 能
巴特沙根	型号发展，已采访的人都不清楚具体情况
布雷根茨	机翼和机身的绘图室，机械车间，材料寿命测试
朗根阿根	材料储存
洛文塔尔	武器、测试、出版工作
曼泽尔	实验工具厂
梅尔斯堡	轻金属和钢制组件焊接
门根	试飞、电气设备、仪表
农嫩霍恩（Nonnenhorn）	机翼、机身、起落架、控制面的绘图室
腓特烈港	Do 335 主生产中心
拉芬斯堡	原型机组装
里肯巴赫	机尾和一些机翼组装，包括 Bf 109、Me 262、Do 217、Do 335 几个型号
泰特南（Tettnang）	飞机设计、气动、数据计算、静态测试、手册编写、塑料工具和塑料发展
于伯林根（Überlingen）	尚未开始生产
万根（Wangen）	工具
瓦瑟堡（Wasserburg）	结构寿命测试和电气设备
维塞瑙（Wittnau）	电气制图、炸弹投放、炸弹挂架

美国陆航技术人员很快便开始修复这些 Do 335，试图让它们达到可飞行的状态。飞机技术问题很快就给他们造成阻碍，额外的麻烦是美国航空汽油标准和德国不一样。盟军战斗机的标准配备是 100/130 号汽油，性能与成分和德国的 C3 更近似，而不是 Do 335 实际使用的 B4。

到了 6 月，一些德国技术人员到位，在美国人监督下开始工作。机场上的飞机不少，但可用的不多，技术组便集中维修其中几架。这些幸运儿里面有 240102 号（机身号 VG+PH），即雷谢少尉从雷希林飞回来的那一架。还有一架双座型飞机，垂尾上有 112 的工厂编号。112 号和另一架飞机后来转交给了英国人，但前者没过多久就在英国坠毁。送到美国的飞机除了 VG+PH 以外，还有 240101 号，但现在无法确信，因为原本的机尾在美国弄丢了。

送往美国的道路很漫长，第一阶段是从上法芬霍芬起飞，通过新比贝格到法国北部的瑟堡（Cherbourg），运往美国的飞机在这里集散。

240101 号在 1945 年 6 月 17 日抵达，而后装上皇家海军的"收割者"号护航航母，横渡大西洋到美国。

这艘护航航母上装载了 40 架各种德国飞机：10 架 Me 262、1 架 Ju 88G、1 架 Ju 388、3 架 He 219、4 架 Fw 190D、5 架 Fw 190F、1 架 Ta 152H、2 架 Bu 181、1 架 WNF 342 直升机、2 架 Fl 282 直升机、1 架 Bf 108，还有就是 240101 和 240102 号 Do 335。两架道尼尔在船上分别被编为"收割者 8"和"收割者 35"号。

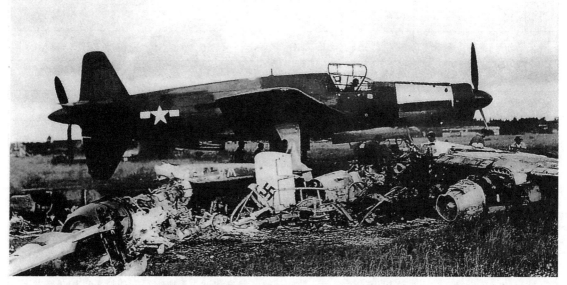

美国人缴获的 240101 号机，其他说法称被缴获的是 240165 号。前方的残骸是 Me 262 和 He 162。

正在吊上"收割者"号的 Do 335，前机身已经蒙了起来，但后发却莫名地没有装整流罩。

240101 号换了几块没有涂装的机头蒙皮，铝原色非常显眼。

严重过热的后发动机泄露出一团烟雾、蒸汽和滑油，我在这些东西里面进行了一次侧风降落。

接下来的检查表明过热原因是两台发动机的散热片链接故障，它们都卡死在关闭状态。由于伍拉姆斯在第一次试飞中就遇到了 Do 335 的两个顽疾，美国人不敢再让 240101 号飞行，由公路将它送到莱特机场。缴获的飞机在这里可以得到进一步测试——如果运气够好的话。然而由于发动机问题，240101 号应该没再试飞过，后来转到储存飞机的弗里曼机场。1946 年 5 月 17 日的一份报告说该机已经维修到 75% 进度，然后一直等着发动机维修，但也不确定是否真正修好。已知直到 8 月 15 日该机还在弗里曼机场，仍在等待发动机大修，此后便没了音讯。鉴于美国人很快就对各种活塞飞机失去兴趣，该机可能在这里被拆毁。

240101 号的涂装是 RLM 81/82 号色迷彩，下表面为 RLM65 号色，无涂装的发动机罩是在上法芬霍芬维修时安装的。飞机的机身号为 VG+PG，美国人接手后涂装了新国籍标志，编号 FE-1012，即"国外装备 1012"号。美国陆航改组后编号改为 T2-1012，新前缀 T2 表示情报部。

关于 240101 号在欧洲的转场飞行，飞行员汉斯·帕德尔（Hans Padell）写下了他的经历，不过是在 29 年之后：

所有飞机都用罩子密封了一次，以免长途航行时海水进入机内，造成腐蚀。抵达美国之后，飞机在纽瓦克（Newark）陆航基地卸下，转交给美国陆航资材司令部。技术人员将它们重新组装起来，进行测试飞行。其中 240101 号由贝尔公司的首席试飞员，杰克·伍拉姆斯（Jack Woolams）驾驶起飞，然而他的首次试飞并不顺利。

伍拉姆斯回忆说：

飞机刚刚起飞离地，后发动机的散热系统就显然出了毛病。在我升空还没爬升到 100 英尺的时候，温度上升到指针超过刻度。此外液压系统也失效了，起落架无法收起。我听过这种飞机可以靠一台发动机维持飞行，也不想因为过热而毁掉后发动机，我就让后螺旋桨顺桨，只靠前发动机围着机场转圈。但很快情况就明显起来，在放下起落架的状态，飞机无法维持高度，即使前发动机最大功率。

我疯狂地试图重启后发动机，因为我在纽瓦克机场外的沼泽上空越来越慢。我及时启动发动机，获得足够动力从两栋建筑之间穿过。

战争输了，我离开柏林，回到慕尼黑找妻子。有天早上吃饭的时候，有人来敲门。门口站着两个美国宪兵，"跟我们来"，他们说道。他们抓住我，我成了战俘。

但他们找我是因为很特别的理由。他们发现我是 Do 335 的测试飞行员之一。还有这么一架飞机剩下了，一架世界上最快的螺旋桨飞机。那架飞机在纽伦堡，我要帮他们把它飞到法国瑟堡。

美国上尉对我说："为了防止你做傻事，我们拆掉了罗盘，2 架'野马'会负责护航"。那是当时最快的美国飞机。上尉告诉我说要以 400 公里/小时目视飞行。我大声笑了出来，400 公里？ Do 335 可以轻松飞到 700 公里。我鲁莽地提出一个赌约："我能用 1 台发动机飞得比你们更快！"

上尉说："好，赌 20 包骆驼香烟。"起飞时我需要双发都开着，然后爬升到 500 米高度，关掉后发动机。半小时之后两架"野马"都不见了，我甩掉了他们！

我花了 1 小时 40 分钟飞过 900 公里距离，我没想过逃跑，只想秀一把。抵达瑟堡之后，我等了 20 分钟，上尉才到。

他拍了拍我的肩膀："好，你赢了。"然后他们把香烟交给我，那时候这可是宝贝。一包香烟价值最多 6 马克。

阿尔伯特·施瑞威斯少校也写到了此事："帕德尔是我手下的少尉，工程师、飞机结构专家。他派给我协助测试和 Do 335 发展，这也意味着我们转为夜间战斗机部队时，他仍留在门根测试站。他把 Do 335 飞到瑟堡，等着运往美国。当时这件事相当程度地冒犯到了我们。"

另一架飞机的转场飞行由美国飞行员进行，现在详情不明。

这件事本身，如果确实如此，倒没有说明 Do 335 的最大飞行速度有多高。按照已知的测试结果，它在 500 米高度和标准的 P-51D 速度相当，均为略超过 600 公里/小时。在这次事件里，如果"野马"飞行员没有迷航的话，可能有两个原因造成了这样的结果，首先是德国空军的巡航标准比较高。

具体来说，P-51D 的发动机是 V-1650-7 型，在使用 100/130 号汽油时，最大功率 1710 马力（67 英寸汞柱进气压，每分钟 3000 转）。额定的最大巡航动力只有 1100 马力（46 英寸汞柱进气压，每分钟 2700 转），以这个功率在海平面只能达到每小时 510 公里左右的速度。那名美国上尉定的每小时 400 公里，如果这个说法确实无误，那大致是以每分钟 1950 转，37 英寸汞柱进气压进行经济巡航的速度，此时发动机功率在 500 至 600 马力，相当低。其他国家与此类似，通常以经济巡航或者接近的指标来规划和计算航程。

德国空军与此不同，例如 DB 603A 发动机，使用 B4（87 号）汽油时，最大功率 1750 公制马力（进气压为 1.4 倍大气压，每分钟 2700 转），可用于巡航的最大持续功率定在了 1400 马力（1.2 倍大气压，每分钟 2300 转），最大经济功率都定到了 1170 马力，然后以此计算航程。这种标准的优势是飞机巡航速度较高，开始交战时比较有利。劣势是明显降低了航程指标：由于航空活塞发动机在整个高动力区都以富油方式运转，以这样的动力巡航会导致油耗大幅度增加。

虽然缺少 Do 335 高速巡航的实际数据，但可用 Fw 190A-8 型做个例子。A-8 型的最大速度比 P-51D 低，手册中的数据却是在 300 米高度的最大巡航速度（富油巡航）达到 515 公里/小时，贫油巡航速度 440 公里/小时——与更高速的 P-51D 相当。相应的，飞机航程惨不忍睹，只有 615 至 920 公里。这也是德国飞机"短程"

的一个原因，实际上完全是对活塞发动机技术缺乏了解产生的误解。如果按照相同的指标衡量，德国战斗机的航程并没有纸面上看起来那么短：假定 Fw 190A-8 以更低速度在更大高度进行经济巡航，640 升内油的航程可能在 1400 公里左右。

以这种标准设计的 Do 335 在高速巡航时比德国单发飞机更有优势，它有 1980 升内油，即每台发动机 990 升。即使在最大持续功率下，也可使用接近 2 个半小时，让它拥有 600 公里左右的作战半径。Fw 190A 的风冷发动机油耗更高，内油也不足，在同标准下 1.2 小时就会耗尽燃料。

道尼尔对 Do 335A 的估算数据可以佐证这点：在携带 1350 公斤油量和 1 枚 500 公斤炸弹的情况下，飞机全重 9500 公斤，以最大持续功率在 6 公里高度巡航。此时巡航速度 703 公里/小时，航程 1380 公里，与 Fw 190 的经济巡航航程相当。

即使只使用一台发动机，如果以高功率巡航，仍可比低速经济巡航的 P-51D 更快一些。帕德尔关掉后发动机大概是因为它容易起火，长时间在这种功率挡位下运转很可能导致事故。

第二个原因可以从弗雷德·麦金托什（Fred Mcintosh）上尉的回忆中发现，他说：

在 6 月 17 日，我乘坐我们的 C-47 先到了瑟堡，等待 Do 335 到达，还能给飞行员一架回去的飞机。之前我安排一个当地的 P-51 单位护送 Do 335 飞行。我站在瑟堡，飞机比它的护航机早到 20 分钟。那些 P-51 可能迷航了，或者性能不足。"野马"护航机低空飞过机场，还带着它们的副油箱，转了几圈返回它们的基地。

降落之后，德国飞行员踏出 Do 335，他穿着有背带的皮短裤，光着腿，诸如此类的装束。这些都很戏剧化，但如果飞机起火他就真的麻

转场飞行之前拍摄的 240101 号，中间的人是汉斯·帕德尔。远处有一架 Ju 290。

烦大了。他是个很有趣的绅士，帮了我们很多忙。第二天我把两名飞行员都送回了纽伦堡。

麦金托什提到了护航的"野马"仍带着副油箱，这会额外降低它们的巡航速度。不考虑余油、暖机、起降爬升所消耗的油量，P-51D 的经济巡航航程约为 2400 公里，考虑到这些情况后，飞机不带外油的作战半径只有 700 公里左右。纽伦堡至瑟堡来回距离超过 1800 公里，给 Do 335 护航的"野马"必须带着副油箱进行往返飞行。

另外如果香烟赌局是真的，那么麦金托什应该就是帕德尔提到的美国上尉，但也无法排除是另一架 Do 335 的美国飞行员的可能性。只有这两人都从纽伦堡到了瑟堡，而"野马"并未降落，必然不会是它们的飞行员。

P-51D 的内油增加到了 1018 升，但远程护航任务仍要挂载副油箱。

刚缴获时的 240112 号机。

正在滑行测试的 240112 号，该机也有几块没有涂装的机头蒙皮。

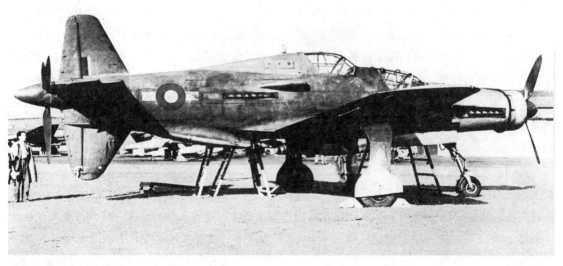

更换了英国识别标志的 240112 号。

240112 号在范堡罗展示时拍摄的照片。

英国人的占领区内没有 Do 335，他们拿到的 2 架飞机都是上法芬霍芬的美国战利品。本来皇家空军准备进行一些测试，但天有不测风云，Do 335 很快就遭遇重大事故，严重到甚至影响了其他测试计划。

盟军对德国人在瓦瑟堡进行的飞机组件结构测试很有兴趣。英国人第一次接触 Do 335 就是在这件事上，1945 年 6 月 26 日，皇家飞机研究中心的一名工程师特森（Hotson）见证了一次完整的 Do 335 机翼测试，这次测试是给一群法国技术人员安排的。霍特森对整个过程印象深刻：全机械化、中央控制，还有其他很多有趣的地方。

英国人得到飞机是在这次测试之后，因为英美达成的协议，一小队情报人员前往上法芬霍芬机场，他们在这里选择了 2 架飞机。其中之一是 240112 号机，一架双座教练型。德国人员先用剩下的组件将它修复至可飞行状态，到了 1945 年 9 月 7 日，皇家空军正式接收这架飞机，此时它还涂着美国国籍标志。飞机迷彩仍然是德国人最初涂装的，但机头发动机整流罩

是铝原色，这是一个维修时换上去的新零件。

该机从上法芬霍芬机场起飞，通过新比贝格、斯特拉斯堡（Strasbourg），飞到法国东北的兰斯（Reims）。240112 号在兰斯进行了最终检查，第二天由皇家空军的麦卡锡（McCarthy）少校驾驶，飞往范堡罗。飞机降落后，皇家飞机研究中心对它进行了大修，涂上英国国籍标志，编为航空部 223 号。测试在 10 月 1 日才开始，该机在这天飞行了一次，而后参加了在范堡罗举办的公众展出，和其他德国飞机放在一起。

负责航空部 223 号第一次试飞的人是著名试飞员埃里克·布朗（Eric Brown），他在试飞后的评价是：

这可能是我见过最迷人的飞机之一。确实 Do 335 有难以置信的历史，它作为全天候战斗机开发，还有夜间战斗机和教练机型号。这个时候，它可能确实是世界上最快的活塞飞机。我想我可以承认他们声称的 472 英里/小时/21000 英尺高度，我们没有理由不相信这个数字——从我们看到的这一部分可以发现，它是

一架极为高速的飞机。

我发现 Do 335 飞起来很活泼，在 2 台戴姆勒-奔驰 DB 603 发动机顺滑的轰鸣声下，它有很短的起飞距离。它给人一种动力过剩的宽慰感，一种很少体验的愉快感……全功率平飞的诱惑难以抵抗，鉴于德国人声称它是世界上最快的活塞飞机。我的数据是双座型 Do 335A 展示的真空速是 430 英里/小时，在 18000 英尺高度（译注：即 692 公里/小时/5486 米），无论以任何标准都令人印象深刻……在天上的视野极佳，我有一种清晰的感觉，Do 335 更适合夜间飞行，而不是昼间，尽管我还没见过，更别说飞过单座型。降落相当简单，进场速度 115 英里/小时，在机头明显略微抬起的状态下。据我所知，飞行员们被推荐以机尾略为朝下的状态着陆，用主起落架和机尾保险杠（有一个减震柱融合在垂尾里）先接地，再让机头落下，架在前轮上。

英国方面的飞行测试在 1946 年 1 月 15 日再度展开，但只过了 3 天，240112 号就在第三次试飞里的事故中全毁，当时的试飞员艾伦·哈兹（Alan Hards）上校身亡。事故发生原因还是后发动机严重过热，导致火灾。更关键的是，哈兹上校是范堡罗敌机测试飞行的指挥官。于是在这起事故之后，范堡罗对试飞缴获的德国飞机进行了严格限制，基本宣告测试德国飞机的计划到此为止。

这次试飞之前，布朗给哈兹介绍了飞机操作，然而在起飞之后，观察员就发现后发动机起火。布朗后来谈起了事故细节："我们知道 Do 335 的后发动机容易过热——我想他意识到了这东西过热严重，但他不知道真的烧了起来。我们和他之间没有无线电联络，但他回到机场上空摇摆机翼，示意他想要紧急降落优先权，还要清空机场。如果他选择可用的主跑道，也

许就成功了。然而不幸的是，他选择沿着飞机场转一圈，对着值班跑道降落。在他转向前的侧风段飞行时，升降舵被烧穿，它掉了下来。"

英国人手里的航空部 225 号也是在上法芬霍芬机场缴获的飞机，这架飞机据信是一架 A-1型。它在 9 月 7 日和 240112 号一起飞往兰斯，由皇家空军的泰勒（Taylor）上尉驾驶。该机到达兰斯之后损坏，具体情况不明，无法继续起飞前往英国。它在当地进行了维修，在 12 月 9 日和 12 日进行了试飞，看起来可以正常飞行之后，该机计划在 13 日向梅尔维尔（Melville）转场。

执行这次转场的飞行员是名为米尔斯（Miersch）的德国上尉，此前他被关在挪威的一个战俘营里，释放后参加了不少这种飞行。飞机抵达梅尔维尔时，Do 335 的液压系统再次出现故障，这次是前起落架无法放下。米尔斯机智地关掉前发动机并让螺旋桨顺桨，然后按启动按钮让螺旋桨慢速旋转，将三叶桨的两片桨叶转到对着下方。他的目的是用螺旋桨作为支点，减少可能对机身造成的损伤。米尔斯的迫降很成功，飞机受损轻微。

但英国人似乎对 Do 335 彻底失去耐心，此后没有再试图修复航空部 225 号，该机最终在当地拆毁。英国编号是在兰斯维修时获得的，该机本来的德国工厂编号不明，有说法称是240121 号，但这个工厂编号对应的是一架双座教练机，显然不可能是航空部 225 号。另外的说法称该机是 240161 号。

除了这两架飞机之外，皇家飞机研究中心还有一个 Do 335B 型的机身。1946 年 12 月 15日时，这个机身已经被扔到了一个废品场。这个机身和其他的一些德国飞机组件都在皇家飞机研究中心进行过结构测试，测试完成后作为废品处理掉了。

航空部 225 号，此时在美国人手里，背后有一架 P-51B/C。

更换了英国涂装后的航空部 225 号，这架飞机与其他几架截然相反，机身没有涂装，前发动机整流罩反而有。

航空部 225 号迫降后的照片，此后没有再修复。

出现在废品堆里的 Do 335 机身。

在盟军战后的评价里，Do 335 的弹射系统有一个奇怪传说。例如布朗评价 Do 335 的时候提到了飞机的弹射系统，他说："它有很多现代特征。它有助力操纵，在那时候是个大创新。它有推进和拉进螺旋桨。它有弹射座椅。我想弃机可能真是件大事。在你右边有一排按钮，看起来就像沃利策管风琴上面的那些按钮。飞行员要先从这排按钮开始，从前按到后。按下第一个，启动爆炸螺栓，响亮的一声'嘣'炸飞后螺旋桨——它飞出去了——按下下一个炸掉垂尾。如果你在这个令人着迷的小玩意儿上还没有浪费足够时间的话，用第三个按钮炸掉下半垂尾……假如舱盖已经抛掉了的话。这是飞机的一个巨大缺陷，舱盖是手动而不是自动抛弃的，尤其是当你思考这架战斗机上其他优点时，简直难以相信设计师们能犯下如此一个粗心的错误。这东西包括两个手柄，立在舱盖前方，飞行员要抓住手柄，将它们转 45°——舱盖就飞出去了——不幸的是，前三个干这事的伙计不仅丢了舱盖，还丢了双手！实际上，我想说前两个在 335 上出事故的道尼尔试飞员都丢了双手，真实原因是在舱盖被风吹走之前，他们的手没有松开弹射手柄。"

美国陆航负责收集德国飞机的哈罗德·沃森（Harold Watson）上校也说了类似的话："它装备了一个飞行员弹射座椅。不过在弹射之前，要先按座舱内的三个按钮，一个会用爆炸装置炸掉后螺旋桨，一个会炸掉垂尾上半部分，一个准备发射座椅。显然他们需要改进原始设计，因为在地上找到第一个跳伞飞行员时，在降落伞末端——死了——没有手。"

这个奇怪传说的由来已经完全不可考证，将 Do 335 形容得像一款残次品，而不是航空技术的结晶。第一个试图跳伞的阿尔特罗格确实死了，但死因明确的是因为被座舱盖砸中头部。

阿尔特罗格的事故可能在流传途中被添油加醋地改动了多次，最后变成毫无关联性的说法。此外确实有美国士兵在修复上法芬霍芬缴获的飞机时死亡，但具体原因不明。

法国在"二战"中长期处于被占领状态，各方面的技术发展都落后于其他国家。在这种情况下，法国人迫不及待地四处搜寻并利用德国技术。以法国空军为例，他们自己继续改进德国发动机和航炮，还直接使用和制造德国飞机。其中最普遍的型号是几种教练机、联络机、运输机，其中 Ju 52 运输机以 A. A. C. 1 的编号在法国制造了多达 415 架。更先进的型号，主要是喷气式飞机，只作为测试机使用，它们本身的可靠性很差，很难再度将其投入服役。道尼尔在这方面的贡献就是 2 架 Do 335。

1945 年 4 月末，法国部队进入腓特烈港，这里的工厂机场里有一些飞机残骸，已经被德国人毁掉。而后他们又占领了门根机场，这里还有不少飞机残留，包括完整的 Do 335。

技术人员施特默尔（Stemmer）在门根见证了 Do 335 维修，他后来写下了这些：

那时候，我们只有一小群从原型机生产部出来的专家。在所有工作中，我们都得互相帮助，每个人都要负责。我的专长领域是起落架和动力系统，最终检查是由我和一名在这一块有点经验的同事完成的。

最初的测试飞行不是由我们的飞行员进行，考虑到安全问题，还有帝国马克即将更换为德国马克。

在门根机场，德国飞行员向法国飞行员和我们简介了起降动作。我们还有问题没处理，尤其是后发动机，在那个混乱的时候错误安装导致的。

我们没法再从戴姆勒-奔驰获得特殊工具，

用于发动机更换的那些。我们只能小心翼翼地对待发动机，以我们自己的办法让它慢慢达到额定功率。那个时候，我们需要克服相当多的困难，在今天难以想象。

连接在增压传动上的，气压控制的大型增压叶轮需要特别注意。Do 335 在测试时严重损坏，但维护组却没有被要求跟着前往法国的布雷蒂尼(Brétigny)测试机场。

维护中的 V14 号。

就这样在法国人监督下，德国技术人员修复了 V14 号原型机，然后一名法国飞行员将它飞到里昂。此时该机仍然保留着德国涂装，有照片留存，证明它的机身号是 RP+UQ，即 V14 号原型机。

V14 号在里昂进行了全面检查，重新喷涂成橄榄灰，德国十字换成了法国圆圈识别标志，机尾的带钩十字架改成了法国国旗。之后该机被送往位于布雷蒂尼的法国飞行试验中心(CEV)，于 8 月 5 日抵达。

8 月 7 日，该机进行了几次滑行测试，没有问题发生。8 日，V14 号进行飞行测试。当时驾机的是巴德雷(Badre)上校，他安然爬升到 1000 米高度，飞行了几分钟，最后返航降落。他在进场时，飞机开始猛烈震动，座舱内充满了烟雾。巴德雷怀疑后发动机起火，立刻将它关掉，但情况没有任何改善。于是他又关闭了前发动机，并且紧急落地。接地时飞机下降率太高，导致右侧主轮胎爆裂。由于发动机已经关闭，飞机失去液压无法刹车，沿着跑道滑行，撞上了一架停放在旁边的 B-26 轰炸机。巴德雷检查了飞机，发现前发动机需要更换，机翼、右侧起落架、尾翼都要维修或更换。

V14 号原型机，已经换成法国识别标志，B 系列的特征很明显。

事故过后的 V14 号，很多组件已经被拆掉，发动机检修窗都开着。

维修中的 V14 号原型机，后发动机、主油箱、机翼航炮、螺旋桨都拆掉了。

V17 号原型机维修完毕之后,法国和德国人员在门根机场上合影纪念。

1947 年,V17 号测试时的照片。

1948 年 V17 号起落架故障导致事故，可直观看到的包括飞机下垂尾折断，后螺旋桨损伤。

法国人决定不再维修后，将 V17 号拖离机场，直接放在地上用作弹射座椅测试。这张照片拍摄时正在拖曳，飞机后机身已经扭曲，此外可见雷达操作员座舱盖处于打开状态。

经过法国国营西南飞机制造公司（SNCASO）重新维修和调整之后，该机在 1946 年 6 月 3 日交还给飞行试验中心，之后一直在地面测试。到了 1947 年 2 月，它安装了 3 门 MK 103 航炮，弹药位置安放有配重替代实弹。在 24 日重新进行滑行测试，刹车又出现毛病，导致轮胎起火。接下来又花了些时间修理后螺旋桨，终于从 3 月 13 日开始进行飞行测试。

5 月的几次测试之后，V14 号停飞，直到 11 月份才将辅助设备修好。飞机修好之后于 11 月 21 日再次试飞，而后的 12 月和次年 1 月又有几次测试。进行了一些小维修之后，它在 1948 年 3 月 4 日最后一次飞行，第二天剩余的测试项目便被取消。V14 号的测试飞行时间为 9 小时 30 分钟，10 次降落。1949 年的某个时间，V14 号在法国拆毁。

法国人的第二架 Do 335 是 V17 号原型机，该机的工厂编号为 240313，同样在门根机场缴获。V17 号的维修花了很长时间，直到 1947 年 4 月 2 日才达到可飞行状态，并且进行了试飞。该机本来准备两天后就转场前往法国，但立刻出现问题。

德国技术人员先更换故障的发动机，然而新发动机又有毛病，第三台发动机终于让 V17 号能恢复飞行。5 月 29 日，该机从门根起飞，45 分钟后抵达布雷蒂尼。据称在转场飞行中，该机在 4500 米高度达到了 700 公里/小时。如果这个数字是准确的真空速，那么 V17 号的性能实际上和创下纪录的 V9 号相当。

飞机进行了一次检查之后，测试立刻开始。V17 号在法国的测试过程也饱受故障折磨。1948 年 11 月 27 日，该机液压系统故障，在滑行时右侧主起落架意外收起，导致后机身严重损伤。法国人决定不再继续维修，将其转到弹射座椅和尾翼抛射系统测试上，但这些测试结果都不令人满意。1949 年，V17 号拆毁，总共飞行了 6.5 小时。

苏联人在战争中缴获了不少德国飞机，对其中一部分进行过测试。据称在 1945 年 4 月，两名苏联军官在奥拉宁堡的一个机库内发现过 Do 335。该机是一架夜间战斗型，机翼上安装了雷达天线，其他情况不明。该机是否能飞行，或者苏联人在雷希林有没有缴获可飞行的 Do 335，详细情况也都无法确定。

第二节　追忆——240102 号

作为第二架预生产型，240102 号是唯一留存至今的 Do 335。这架飞机在 1944 年夏季离开生产线，首飞时间不明，已知的是汉斯·迪特勒在 9 月 30 日开始对该机进行飞行测试。

10 月，240102 号进行了几次试飞，通过验收测试之后，道尼尔接到指示，要求将该机转往雷希林测试中心。第一次官方提到这架飞机的内容是在 1944 年 11 月 20 日的周报上。初步测试完成之后，240102 号配给了负责无线电信号技术的 E4 部门。此前 V3 号原型机进行过这类测试，但该机在 11 月的迫降事故中受损。V3 号可以维修，不过测试任务还是转交给了 240102 号，11 月 18 日至 12 月 23 日的几个周报都确证了这点。其中 12 月 4 日至 9 日的周报说 V3 号原型机还没修好，这次报告说要拆掉环形天线，安装到"102"号上。下一周，即 12 月 11 日至 16 日的周报，说 FuG 16 的环形天线在地面的读数令人满意。垂尾上安装的天线读数没那么好，而且还有环形天线向后"斗鸡眼"的毛病。这些问题给无线电系统带来了严厉批评，其中一句说道："无法理解，为何一家领先公司敢提出这样的设计。"

在 18 日到 23 日期间，又有两个后续报告记录了以下事件。第一个报告表明：由于前轮维修和罗盘误差导致测试推迟，原本主罗盘安装在机翼位置，工作正常。但挪动到后发动机附近之后，附近的金属零部件造成很多干扰，影响罗盘读数。第二个报告表明环形天线的地面测量已经完成，在向后位置上有 30 度的"斜视误差"。报告将原因归咎为后发动机进气口干扰，而环形天线位于进气口正上方。

周报里最后一次提到 240102 号是在 12 月末，战争进行到最后也是最血腥的阶段。苏联人距离雷希林测试中心不远，大概很快就会打进来。测试中心变得异常繁忙，所有人都在做准备，尽量不把东西留给苏联人。这个过程不可避免地导致大量资料损失，让后人无法再查明雷希林发生过的很多事件。1945 年 4 月，最后的战役开始，此时测试中心正在全力将人员和物资撤到西面。撤退的氛围影响到了 240102 号，最终让它幸存至今。此时它的飞行员是汉斯·沃纳·雷谢（Hans Werner Lerche），雷谢在雷希林主要负责测试敌国飞机。这是个困难的任务，本国通常不会有其他国家飞机的手册，或者飞行经验。雷谢成功驾驶了 125 种飞机，

包括德国和其他国家的型号，他是适合这个任务的人选。

汉斯·沃纳·雷谢，生于 1914 年，是一名杰出的试飞员。

雷谢接到的命令是将 240104 号飞往上法芬霍芬，但该机轮胎爆了一个，无法起飞。此时 240102 号处于可用状态，它就把 240104 换了下来。1945 年 4 月 20 日，240102 号的冒险故事开始了，它最后一次离开雷希林机场跑道。

利用德国高速公路作为导航点，雷谢先飞过战火中的柏林，然后是被炸成废墟的德累斯顿，抵达第一个目的地布拉格。降落之后，雷谢发现两个问题，Do 335 的起落架老毛病又来了，此地还缺乏飞机使用的航空汽油储备。这里也很缺乏其他物资，于是雷谢用香烟鼓动地勤维修起落架，很快汽油也送到。然后是天公不

停放在帕塔克森特河海军航空站的 240102 号，此时飞机的状态并不好，美国海军似乎对它没什么兴趣。

不确定时间的照片，此时状态看起来还比较好，但前起落架舱门没有安装在飞机上。

240102 号部分拆解之后被随便扔在一旁，到了 70 年代初，这个风吹日晒的机身已经相当破烂。

作美，让雷谢一度无法起飞继续航程。紧张地等待 2 天之后，4 月 23 日，雷谢在雨点与低云之间勉强起飞。他的航线跨过捷克领土和巴伐利亚森林，途中突然有曳光弹朝他飞来，雷谢搞不清到底是什么东西在射击，他开满动力并进行规避机动摆脱。很快飞机就抵达慕尼黑，他高速飞过城区上空，转向附近的奥格斯堡和弗斯滕费尔德布鲁克（Fürstenfeldbruck）。

雷谢找到莱赫费尔德机场，开始进场降落。也许他应该找个不那么凑巧的时机，很快空袭警报响了起来。盟军战斗轰炸机扫荡了一遍机场，打燃十多架伪装的德国飞机。时来运转，240102 号居然完好无损地躲过了空袭。傍晚时分，雷谢起飞完成最后一段旅程，从莱赫费尔德到上法芬霍芬的距离不远，再加上他对起落架毫无信心，这次起飞之后干脆就没有把它收起来。万一有危险的盟军战斗机在附近，放下的起落架也是一个投降的标志。他安然飞过最后一段航线，很快就看到了上法芬霍芬，在机场上着陆。

降落之后，这架"食蚁兽"被拖到机场周边相对安全的位置上。又过了几天，美国装甲部队进入上法芬霍芬，战争宣告结束。雷谢成了战俘，飞机落到美国人手里。美国佬很快就把纳粹党的东西消全都灭掉，例如 Do 335 垂尾上的带钩十字架，但飞机的其他标志仍保留。后来美国人又涂上美国识别标志，只留下了飞机垂尾上的 102，即工厂编号最后三位数字。

据称在维修时，240102 号拼接了其他飞机的组件——机翼来自于 240165 号，平尾和下垂尾来自 240103 号，上垂尾是 240105 号的，右侧襟翼是 240101 号的零件。这个说法比较奇怪，说它同时使用了 240101 号和 240165 号的零件，而这两架飞机之一被修复后送到了美国。这可能是美国人带走的究竟是哪架飞机问题的来源，

抑或美国人带走的就是一架不同飞机组合到一起的东西。

初步修复之后，240102 号从上法芬霍芬起飞，抵达瑟堡。如前一节所述，缴获的德国飞机在这里装船送到美国本土。

抵达美国之后，240102 号交给了美国海航，转移到帕塔克森特河海军航空站，在这里得到海军航空局的工厂编号 121447。从 1945 年 12 月到 1947 年 3 月 31 日，海军航空站的战术测试组负责管理这架飞机，但他们一直没有进行飞行测试。而后该机在诺福克海军航空站储存到 1961 年，转交给史密森学会维修，准备最后转给美国国家航空航天博物馆。

实际上，在 40 年代末，史密森学会对德国飞机还没多少兴趣。又过了一段时间，从德国来的航空爱好者劝说史密森学会修复德国飞机，最开始他们被拒绝了，因为学会还有很多其他项目。不过学会反馈了另一个方案，可以让 Do 335 在德国修复。

于是，在国家航空航天博物馆储存到 1974 年的 240102 号迎来了转机，这年 10 月 7 日它被空运回德国。汉莎航空派来一架货机，将 Do 335 装入货舱，从纽约运往德国。它先抵达法兰克福-莱茵-美因国际机场，再由德国空军的 C-160 运输机转运。10 月 26 日，240102 号回到了旅程的起点，上法芬霍芬机场，这个循环花了 30 年时间。

到了 1975 年 7 月，240102 号已经被完全拆解，以便换个部件进行修复。此时飞机的情况相当糟糕，不过在道尼尔公司的人员初步检查过后，发现机尾抛弃系统、刹车、灭火系统都还能正常运行。在清理过程中，道尼尔的技术人员还扔掉了一些鸟巢和从美国运来的老鼠。和其他的恢复工作一样，这架 Do 335 需要很长时间修复。

从 C-160 运输机卸下机身时的照片。

在上法芬霍芬维修中的机身。

修复后的 240102 号。

修复后的座舱照片，还原得相当好。

在上法芬霍芬展出时的照片。

回到美国展出的 240102 号。

多年的不当储存给飞机留下了无数伤痕，大量志愿者在它身上花费了无数时间。修复飞机的代价颇为高昂，相当于 40 年代新造一架 Do 335 的价格。

最后它大致回到了当年的模样，甚至恢复了原版座舱，为此从各种渠道搜罗来了 31 个缺失的仪表。一些腐朽的木制组件只能换成新造的铝制组件。飞机涂装是 RLM 81/82 号色迷彩，加上 RLM 65 号机腹。遗憾的是螺旋桨涂成了黑色，而不是原始的 RLM 70 号色。这少数小毛病相比整机杰出的修复工作来说，也算不上什么了。作为最后一步，240102 号装上一组邓禄普轮胎。1975 年 12 月 10 日，修复工程宣告完毕。

在 1976 年 5 月 1 日至 5 日的汉诺威航展，240102 号第一次公开亮相。然后它回到上法芬霍芬机场，露天停放了一段时间，等待德意志博物馆的新展厅。展厅完工后，它转到德意志博物馆展出。因为这是租借展出，飞机在 1986 年送回美国，交给史密森学会，一度分解储存。在新展厅完工后，该机现在国家航空航天博物馆中展出。

汉斯·沃纳·雷谢不是唯一驾驶 Do 335 离开雷希林的人。1945 年 4 月 26 日，发动机专家海因茨·费舍尔（Heinz Fischer）驾驶一架 Do 335（应该是 V9 号原型机）起飞前往瑞士。因为他有伯尔尼市的城市公民身份，费舍尔选择飞往苏黎世附近的杜本多夫（Dübendorf）机场，而不是巴伐利亚某地。费舍尔以为自己已经抵达瑞士

上空之后，没有选择降落，而是在 300 米高度启动了弹射系统。然而弹射座椅和机尾抛弃装置都没有启动，他以常规方式跳出飞机逃生。让费舍尔沮丧的是，他在孚日山脉（Vogese）德国这一侧落地，距离瑞士边境 60 公里。他的飞机坠毁在山中。

费舍尔可能对自己的飞行技术和飞机起落架都没有信心，他实际上也没能正确导航，毕竟他不是飞行员。如果他能成功降落在瑞士，这架 Do 335 很可能存活到现在，一架逃到瑞士的 Me 262 就完好地送给了德意志博物馆。

第三节 "食蚁兽"的实际性能和对比

Do 335 在当时被称为"世界最快的活塞飞机"，是德国人赋予了它这个美誉，而且这个称号在德国的范围内确实是正确的，对于一种双发飞机来讲难能可贵。这一节会分析 Do 335 的实际性能和潜力，并试图提出比较具有可比性的型号，进行性能对比。

关于"食蚁兽"的飞行测试，还有一些补充的资料。在 335 测试特遣队实际上自我消灭之后，雷希林测试中心的飞机仍继续测试到最后。在 1944 年 12 月时，测试中心准备好了 4 架可用的飞机，让测试单位的残余骨干人员继续飞行测试。

在 1945 年 1 月 23 日的测试中心出具的试飞报告里，提到了如下要点：

> 起落架：太脆弱，在 80% 实际飞行架次里无法收起，错误的构造。
>
> 液压系统：当起落架收起后，特别不可靠。

> 散热系统，后发动机：冷却液泄漏，散热片控制过于敏感。这导致转弯时飞机震动，飞行高度不稳定（尤其是在低空）。发动机的散热片调节很糟，导致发动机散热不足。

罗盘安装：水平主罗盘安装问题导致震动，偏差最大可到30度。应急罗盘也缺乏效用，因为类似的问题，可能的偏差也能达到30度。

无线电：FuG 16型的通讯范围太小，FuG 125无线电导航系统还没有完成。

座舱：视野极差，密封不严，在进入和紧急离机时的开关都太复杂。

发动机：Do 335计划安装DB 603E发动机。现在后发动机没有使用这种型号，因为它们发生了9次传动齿轮破损的故障。奔驰正在研发替代方案。

飞行评价：操纵飞机没有任何困难。尽管从座舱里看不见后发动机和螺旋桨让人分心。后发动机只能通过仪表检查，几次飞行过后就能习惯。起飞和降落正常。起飞距离大约800米，降落大约1000米（在合适的载荷情况下）。

性能：飞行性能低于航空工业方面的指标：速度为低空600公里/小时，高空800公里/小时。测试中心和空军统帅部测试队达成的对应最高性能是570公里/小时和730公里/小时，有时候还比这个更低。这些是原型机，量产型飞机由于安装额外装备导致性能进一步损失是有可能的。

转弯：机动性与Me 410大致相当，当速度到达300~350公里/小时的时候。俯冲加速很快，因为Do 335的重量，爬升率很低。

高空飞行测试尚未进行。

后方视野很差，座舱凸出的部分对此没有改善，因为飞机尺寸太大。在空战中，必须考虑到从后方和后上方的攻击。前下方视野受限于发动机罩结构不佳。目前无法进行改进。

可能运用的领域评估：Do 335可以成功地作为重型战斗机使用，在没有强大敌军战斗机存在的区域。可作为昼间战斗机使用，能够与1943/1944年帝国防空战中Me 410的情况相比。尽管有更高的速度和强大的火力，作为重型战斗机，Do 335只能在能达成绝对空优的时候成功执行任务。飞机的机动性不佳、惯性太大，再加上后视野很差，会导致在格斗时不可避免地落入下风。

发动机布局带来了双发设计里最好的性能，考虑到这种设计的性能潜力，最终目标已经达到。生产扩大和技术问题解决意味着在最好的情况下，飞机能在1/4年内进入战场。与此时的别国飞机相比，仍然需要评估它是否还能完成任务。

Do 335作为夜间战斗机的评估即将开始，在夜间战斗机总监伯特伦的指挥下。

因为上述问题，还没有进行夜间飞行。在技术问题解决前，夜间使用是不可能的。

此报告概括性地说明了Do 335当前的性能和毛病，其中第一点就提到起落架，因为这个原因损毁的原型机不少。发动机散热则是一直没有解决的问题。而罗盘问题导致1架Do 335（V4号原型机）在从慕尼黑转场到雷希林时损失，据信由于偏离航线被盟军战斗机击落。德国人后来找到了飞机残骸，试飞员身亡。

由于Do 335是对应高速轰炸机招标的设计，座舱盖设计尽量减小阻力，而完全不注重全向视野。这种设计导致飞机的全向视野也很难改善，座舱后方是主油箱和发动机，导致它不可能使用与"喷火""野马"等型号类似的手段，即通过减小后机身尺寸来安装视野更佳的座舱盖。

相比之下，此时的新型战斗机已经普遍地将座舱放在机身顶点，再加上无加强筋的气泡式舱盖，尽可能给飞行员提供良好的态势感知环境。所以测试中心得出了它不适合空战的结论。

此外阿道夫·加兰德亲身试飞过 Do 335。1945 年 5 月 14 日，美国陆航的审讯报告这样说："加兰德飞过 Do 335，他认为这是一架不错的飞机，他相信这种飞机在设计上需要相当改进，才能投入使用。作为一架双发战斗机，它缺乏必要的稳定性，通常在这类飞机上都有。他将缺乏稳定性归咎于两台发动机之间的距离。与单发战斗机作比较时，他说它操纵起来'太重'。"

加兰德的说法比较主观，结合其他试飞员的看法，该机的稳定性并没有明显问题。操纵感受太重对于"食蚁兽"的任务也不是太大的问题，仍能有效地作为截击机使用，没有人期望它能与普通战斗机进行平等的空战——飞机视野太差。

雷希林测试中心的总指挥官埃德加·彼得森上校在战后的审讯中也说到了 Do 335 的问题。他提到的速度数据与其他报告有所差异，比实际测试结果高一些，此外还有其他相关信息：

Do 335 制造出来之后，飞行测试达到的最大速度是海平面 612 公里/小时，8000 米高空730 公里/小时。暴露了以下问题：（a）飞机在横轴上不稳定，降落很困难；（b）后发动机容易起火；（c）后螺旋桨传动轴经常损坏，虽然通过用斜齿轮代替正齿轮进行了补救。（d）起落架和液压系统远远不能让人满意；（e）罗盘安装有较大困难。

除了这些飞机设计里的固有缺陷，关于飞机如何使用，由于高层经常前后矛盾的指示导致发展受阻。飞机设计进行了很多次修订，以作为快速轰炸机、远程战斗机、侦察机和夜间战斗机使用。

盟军方面另有一些有争议的报告，关于在飞行中遭遇 Do 335 的情况。首先是皇家空军第3 中队的报告，1945 年 4 月中旬，他们的"暴风"在易北河上空追击 1 架 Do 335，但被对方轻松甩掉。其次是美国陆航第十五航空军下属的第 325 战斗机大队，他们的"野马"在德国南部追击 1 架 Do 335，也被甩掉。这些报告都很模糊，无法通过它们的内容确定 Do 335 的性能。

相比这些多少有偏差的回忆和说辞，可以确定的是，V9 号原型机达成了 760 公里/小时速度记录。但需要注意的是该机安装了 DB 603G-0发动机，这种发动机增加了增压器转速和压缩比，临界高度比 DB 603A 和 E 型高不少（据称设计指标是 7400 米）。这意味着安装在飞机上之后，凭借高速空气带来的冲压效应，飞机临界高度可能会再增加 1000 米左右。V9 号似乎没有遗留速度记录测试报告，实际可能在大约 8.4公里高度取得，这种情况下，它在较低高度的速度就不那么出色。

另有说法称统帅部测试队的 V3 号原型机达到过 750 公里/小时的速度，该机安装的是DB 603AS 或 G-0 型发动机。DB 603AS 型使用了大型增压器，发动机的临界高度在 7300 米左右，与 DB 603G 的指标类似，可以认为该机的性能与 V9 号相当。

相对的，使用标准 DB 603A 发动机的标准Do 335 最高速度会低一些，A 型发动机的临界高度只有 5700 米。由于高空性能较差，安装这种发动机的飞机最大速度都不可能达到 760 公里/小时，在较低高度上达到 720 至 730 公里/小时是很合理的结果，这也与其他原型机表现出来的性能相符。

有必要提及的是，有一份关于 Do 335 作战半径的残缺文件遗留，发布时间是在 1944 年 5 月 23 日。这份文件上的 V1 号原型机按照全重 8.8 吨计算，发动机是 2 台 DB 603AS。飞机起飞后以爬升和战斗功率（2500 转/分，1.3 倍大气压）爬升到约 8.6 公里高度，然后以同样功率平飞，速度达到以 754 公里/小时，飞行 45 分钟达到作战地点，然后返航。这种状态下的作战半径约 500 公里。由于使用的是爬升和战斗功率，这实际上已知指标里面最好的一个。这份文件的问题是全程使用爬升和战斗功率，不仅大幅度超过了这个功率挡的使用时间限制，而且 Do 335 的后发动机过热问题相当严重，不可能以如此高的功率长时间运转。因此可认为这只是估算数据，但佐证了 DB 603AS 装机后飞机可能的临界高度。

夜间型的性能有明确指标文件，因为在 1944 年 11 月 20 日发布的 Do 335A-6 数据指标遗留了下来。指标的末尾附带了飞机的速度包线，在使用 2 台 DB 603E 发动机、有 MW50 系统和 9200 公斤全重条件下，以爬升和战斗功率在约 7.4 公里高度达到约 665 公里/小时，而起飞功率下可在约 6.5 公里高度达到约 687 公里/小时，使用 MW50 系统的应急功率则在约 5.5 公里高度达到 692 公里/小时。

由于夜间型的第一架原型机 V10 号在 11 月 15 日才准备好，达到可飞行状态。它不可能在 11 月 20 日就测出完整速度包线，而且原型机也不是真正的 A-6 生产型，这张图明显是估算数据。此外这份包线还有其他问题，由于德国发动机使用机械自动控制系统，飞行员用单油门杆统一操作转速和进气压，即转速-进气压同时增加，DB 603 的爬升和战斗功率、起飞和应急功率这两档的临界高度一般相同，并不会造成包线图上的临界高度差距。使用 MW50 时发动机转速不进一步增加，只增加进气压，临界高度才会下降。考虑到 DB 603E 的指标，可认为这份文件略为夸张地估计了飞机在起飞功率下的速度增量。

B-0/B-2 型也有一份 1944 年 5 月的性能文件遗存，文件中附带了飞机的爬升和速度包线。此时距离 B 系列原型机首飞时间很远，这份文件显然是估算数据，而且包线的临界高度与 DB 603E 发动机的指标相去甚远，参考价值不高，不将其纳入本篇的评估。

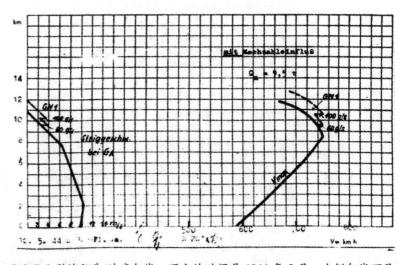

B-0/B-2 型的爬升/速度包线，下方的时间是 1944 年 5 月。右侧包线可见 Vmax（最大速度）字样，横坐标单位是公里/小时。左侧是爬升率包线，横坐标单位是米/秒，纵坐标单位是公里。注意计划安装两档流量的 GM1 系统，在两条包线顶端造成的折线形状虚线。图中也可见模糊的 GM-1 字样，100 克/秒和 60 克/秒的流量注释，全重 G=9.5 吨。

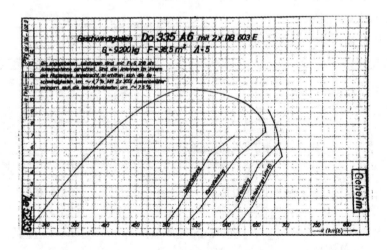

B-0/B-2 型的数据表，细节模糊不清。左上部分是发动机功率挡位，右上部分是武器装备，左下部分是起飞/着陆重量，右下部分是三个不同高度下的航程。由于此指标制定时间太早，参考意义比较小。

A-6 型的估算速度包线，顶部注释是 DB 603E 型发动机 2 台，全重 G=9.2 吨，翼面积 F=38.5 平方米，小字描述了飞机的装备和状态，例如 FuG 218 雷达，和飞机重心情况。坐标单位与前一张包线图相同，注意这份包线的临界高度比 B-0/B-2 的估计包线低很多。4 条最大速度线的注释从右至左分别为：应急功率+MW50、起飞功率、战斗功率、持续功率。

由于奔驰决定转向高空性能更好的 DB 603L，G 型被砍掉，AS 型也没有投产。性能更好的 L 或 LA 型交付给道尼尔之前，生产出来的 Do 335 只能使用量产中的 A 或 E 型发动机。鉴于 L/LA 型投产遥遥无期，最多只能大致估计使用这种发动机后的性能。

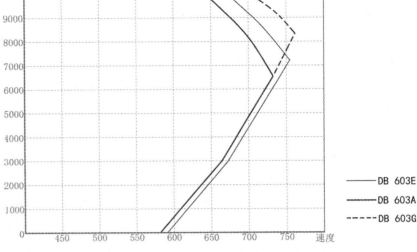

笔者估计的 Do 335A 型速度包线，对应三种不同的发动机。

基于以上资料，笔者大致估计了 Do 335A 的速度包线，包括使用 DB 603A 的一般原型机/生产型飞机，使用 DB 603G 的 V9 号指标，以及预定使用 DB 603E 的单座 A 型生产型飞机。安装了额外 2 门航炮的 B 型缺乏可靠的测试数据，原型机试飞的时间太晚，只能大致认为它在全高度的速度比 A 型低 15 公里/小时左右。高空型用的大展弦比机翼会进一步降低飞机速度，但可增强盘旋性能。

Do 335 是一个比较特别的机种，它首先作为高速轰炸机研发，制定的性能指标超过同期战斗机，只有一名飞行员并且有较强的多用途性能，最后主要功能转为重型战斗机。盟军方面缺乏同类的产品，虽然轻型轰炸机在概念上与之颇为类似，多用途能力也相当好，但典型的型号，例如德国空军一直想超越的蚊式是双座飞机，远程导航和轰炸能力比 Do 335 这样的单座飞机强。相对的，常规布局使得蚊式速度较慢。

如果按照 Do 335 投产时的功能，即重型战斗机为主，兼具侦察、轰炸功能来看，它更接近于传统的重型战斗机。尤其是原本的高速轰炸机功能仍有待改进，主要是缺乏轰炸瞄具，使得它还不能准确投弹，使得轰炸型 Do 335A 也更接近于重型战斗机。在这个范畴内的同一时间段里，可以提出能与 Do 335 作比较的型号。

1942 年 11 月，德国人正在确定高速轰炸机指标时，德·哈维兰公司决定尽可能利用罗尔斯·罗伊斯的"灰背隼"发动机设计一种远程战斗机。这个设计方案的编号为 DH.103，它大致上是一架缩小型蚊式，但只有一名飞行员。新设计要求飞行性能出众，好到足够与单发战斗机作战，同时续航距离很长，以便在太平洋地区使用。

1943 年 1 月，高速轰炸机计划招标时，DH.103 飞机模型完成。向英国航空部下属的飞机生产部展示过后，拖到这年的 6 月才获得 F12.43 标书，转为正式型号并开始向生产发展。此时 Do 335 中标已经有半年时间，正在计划原型机制造。

DH.103 的原型机在 1944 年 1 月才开始制造，7 月 28 日首飞并获得了"大黄蜂"这个称呼。"大黄蜂"首飞比 Do 335 晚 9 个月，不过此时后者的进度已经因为各种各样因素影响慢了下来。

1944 年 8 月 19 日，"大黄蜂"原型机在试飞中创下速度纪录，在 7470 米高度达到了 788 公里/小时。到了这里，就有必要探究它为什么能达到如此性能——这是一架常规布局飞机，与德国空军高速轰炸机招标的几种非常规方案完全不同。

整体上来看，"大黄蜂"尽可能减小尺寸，以小浸润面积来减少废阻，并且采用了层流翼。同时德·哈维兰要求罗尔斯·罗伊斯公司为"大黄蜂"制作专用发动机，以便进一步缩小发动机舱的尺寸。最后罗尔斯·罗伊斯公司提供的专用型号是"灰背隼"130/131 型，两个型号功率相同，只是螺旋桨反向旋转。新发动机较大幅度地修改了附件和增压器机匣，以往型号上凸出在下方的发动机进气口移动到侧面机翼前缘，让发动机舱显得特别光洁。

英国航空部满意地签署订单之后，生产缓慢地从 1944 年末开始。第一批生产型 MK.Ⅰ战斗机共 60 架，第一架在 1945 年 2 月 28 日交付皇家空军，并开始服役前测试。此时德国战败在即，Do 335 已经陷入停滞，"大黄蜂"项目的进度慢慢反超，但很快又随着战后英国削减军备而减速。

"大黄蜂"MK.Ⅰ是战争期间交付的唯一型号，由于装备少、重量轻，飞行性能在量产型中是最好的，但已经明显低于装备更少的原型机。它还没有侦察功能，安装相机的功能要下一个型号才能实现，不过现在能挂载 2 枚 1000 磅炸弹，让它有了与 Do 335 相当的轰炸能力。

"大黄蜂"在外观上与 Do 335 差距很大，不仅是因为它的常规布局，它还彰显着战斗机血统——出类拔萃的飞行员视野，座舱位于机头顶点的位置，提供了极佳的前下方视角，气泡舱盖让飞行员的后向视野也相当好。"大黄蜂"在双发重型战斗机之中是比较轻的一个型号，最早期批次的空重是 5686 公斤，起飞重量 7175 公斤。

与之相比，Do 335 就表现得如同设计目标，是一架高速轰炸机，弹舱让它在挂载炸弹之后飞行速度也不会明显下降，再加上机背里的大型油箱，让它拥有可观的航程载荷性能。弹舱本身也很容易改装来携带炸弹以外的东西，例

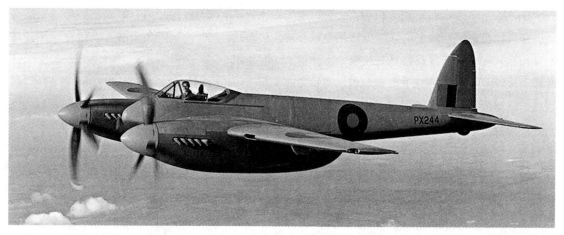

"大黄蜂"MK.Ⅰ型，它可能是此时视野最好的战斗机，与轰炸机出身的 Do 335 截然不同。由于它仍混搭了很多胶合板组件，发动机位置也造成了限制，排管不能直接对着正后方的胶合板机翼，没有完全利用发动机排气推力。

如副油箱、GM1 加力、照相机等。

"大黄蜂"这个战斗机设计只能在机翼下挂载炸弹，而外挂炸弹对飞行性能的影响比较大。油箱则见缝插针地安装在机翼和机身内，MK. I 型的总内油量倒是不低，达到 1955 升，与 Do 335 相当。由于剩余空间不多，它不能像 Do 335 这样扩展装备，例如不可能在机翼里加装武器，而照相机则必须放在后机身内。

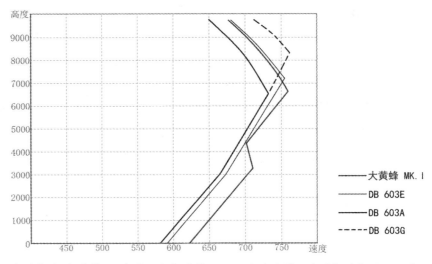

本图中的"大黄蜂"状态是无任何外挂，7067 公斤重量。发动机进气压+20 磅/平方英寸，即增压器低速挡的最大功率 1830 马力，高速挡时为 1650 马力。奔驰发动机采用液力传动的变速增压器，没有普通定速增压器的明显切换点，速度包线更为平滑。

用"大黄蜂"作对比不仅因为它是常规布局，第二个因素是在搭配 100/130 号汽油的情况下，它的发动机功率也与使用 DB 603E 的 Do 335 相当。Do 335 在重量尺寸都大于"大黄蜂"的情况下，取得了与之相当的速度，足以说明双发推拉式布局在减阻上的优势。不过重量上的劣势导致 Do 335 的爬升率低下，现在缺乏使用 DB 603E 的爬升率数据，已知的是在使用 DB 603A 发动机时，爬升到 6 公里需要长达 10 分钟（爬升和战斗功率档位）。相对的，"大黄蜂"MK. I 在战斗功率下只需要 4 分钟就能爬升到 6 公里高度。

"大黄蜂"和"食蚁兽"都还有发展空间。出于简化维护的思路，皇家空军在战时没有使用水/甲醇喷射系统，只进行了测试，但"大黄蜂"可配用性能更好的 100/150 号汽油，将发动机功率提升到略超过 2000 马力，从而提升飞行性能。MK. 3 型额外增加了一组机翼油箱，增加了一些航程。Do 335 如果继续改进，昼间型飞机必然会普及 MW 50 系统，以弥补改进时飞机的重量增加。而计划的 DB 603L/LA 型发动机在全高度的功率都超过 E 型，也许可在 10 公里左右的临界高度达到接近 800 公里/小时的高速，让它获得明显的高空性能优势。此外还有 2 挡流量的 GM1 加力系统，可将 DB 603L 型 Do 335 的临界高度提升到 12 公里左右，让这种专业的高空型号满足帝国航空部对超高空空战的超现实需求。

总括性地审视 Do 335 项目，它的特点使得这种飞机难以作为普通战斗机使用。但"食蚁兽"的速度性能远超此前的德国双发战斗机，巡航速度高、火力异常强大的特征让它有非常高的使用价值，尤其是在给它规划的几个方面：重型战斗机、夜间战斗机、侦察机。

在 1943 年 Ta 152/Me 209 竞争最后一代活塞战斗机时，帝国航空部指定新战斗机必须尽量利用已有组件，以便扩大生产。Ta 152 确实是这样一种型号，拆开已有的 Fw 190，添加一些新组件在飞机中间，从而实现整机扩大重组。而同期的 Do 335 却是一个全新的型号，而且到

1944 年末仍然准备大量生产。

　　相对的，全新型号这个概念也决定了 Do 335 的命运，这架飞机的技术风险和毛病，再加上盟军的轰炸，最终使得它停留在预生产型阶段，没能实际服役。当然更现实地说，德国空军需要能在 1943 年末至 1944 年初大规模服役的型号，此时仍在发展初期，甚至是设计初期的新飞机已经不可能对战局产生明显影响——这便是 Do 335 等众多德国空军"末日战斗机"的可悲宿命。